G 高效饲养新技术彩色图说系列
Gaoxiao siyang xinjishu caise tushuo xilie

图说如何安全高效
养猪

贠红梅　主编

中国农业出版社

本书有关用药的声明

兽医科学是一门不断发展的学问。用药安全注意事项必须遵守，但随着最新研究及临床经验的发展，知识也不断更新，治疗方法及用药也必须或有必要做相应的调整。建议读者在使用每一种药物之前，参阅厂家提供的产品说明以确认推荐的药物用量、用药方法、用药的时间及禁忌等。医生有责任根据经验和对患病动物的了解决定用药量及选择最佳治疗方案。出版社和作者对任何在治疗中所发生的，对患病动物和/或财产所造成的损害不承担任何责任。

中国农业出版社

序

当前，制约我国现代畜牧业发展的瓶颈很多，尤其是2013年10月国务院发布《畜禽规模养殖污染防治条例》后，新常态下我国畜牧业发展的外部环境和内在因素都发生了深刻变化，正从规模速度型增长转向提质增效型集约增长，要准确把握畜牧业技术未来发展趋势，实现在新常态下畜牧业的稳定持续发展，就必须有科学知识的引领和指导，必须有具体技术的支撑和促动。

为更好地为发展适度规模的养殖业提供技术需要，应对养殖场（户）在饲养方式、品种结构、饲料原料上的多元需求，并尽快理解和掌握相关技术，我们组织兼具学术水平、实践能力和写作能力的有关技术人员共同编写了《高效饲养新技术彩色图说系列》丛书。这套丛书针对中小规模养殖场（户），每种书都以图片加文字流程表达的方式，具体介绍了在生产实际中成熟、实用的养殖技术，全面介绍各种动物在养殖过程中的饲养管理技术、饲草料配制技术、疫病防治技术、养殖场建设技术、产品加工技术、标准的制定及规范等内容。以期达到用简明通俗的形式，推广科学、高效和标准化养殖方式的目的，使规模养殖场（户）饲养人员对所介绍的技术看得懂、能复制、可推广。

《高效饲养新技术彩色图说系列》丛书既适用于中小规模养殖场（户）饲养人员使用，也可作为畜牧业从业人员上岗培训、转岗培训和农村劳动力转移就业培训的基本教材。希望这套丛书的出版，能对全国流转农村土地经营权、规范养殖业经营生产、提高畜牧业发展整体水平起到积极的作用。

丛书编委会

前 言

　　养猪业在我国畜牧业中占有重要的地位，对提高经济和社会效益，农民致富，提高畜牧业经济在整个国民经济中的比重，有着极其重要的意义。为了帮助广大养猪业生产者提高科技水平和经济效益，建立正确的养猪理念，我们组织具有一线实践经验的专业人员编写了本书。内容包括：优化养殖环境、正确选用良种、精细饲养管理、人工授精技术、科学调配饲料、防控主要疫病、把握市场动态七个部分。该书图文并茂，易于理解和掌握，理论密切联系实践，有助于养猪业生产者掌握一定的理论知识和实际操作技能。

　　在本书编写过程中，作者参阅和采纳了国内外大量的科技文献资料。同时，得到了山西省猪业协会的大力支持，在此深表谢意。由于编者水平有限，不足之处敬请读者批评指正。

编著者

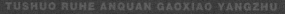

目 录

序

前言

第一章 优化养殖环境

场址选择很重要，防疫交通想周到。
水电运输考虑好，远离污染要记牢。
地势低洼不可取，向阳缓坡是最好。
生产生活要分区，下风向是隔离区。
繁殖生产细区分，生产设施各不同。
猪舍形式种类多，因地制宜是关键。
舍内环境尤重要，光照指标是参考。
地面粗糙要适中，排水较好易干燥。
勤通风来勤换气，饲养密度要合理。
净道污道分开来，消毒通道不可忘。
安全环保记心间，合理规范无害化。

一、总体规划布局

（一）场址选择

1. **地形地势**　根据养殖规模，综合考虑今后发展余地，确定猪场建筑面积。一般可按每头能繁母猪50米^{2}或每头育肥猪5米^{2}计算猪场生产区面积，5亩*地可建设一个年出栏1 000头育肥猪的小型养猪场。面积确定后，再选择场址。

猪场建设地址最好选择开阔整齐的地形，要求地势高平、干燥、背风、向阳、缓坡。土壤通透性好，土质结实，未被病原体污染的砂质土壤为好。地下水位较低，防洪条件良好，见图1-1。猪场一定要建设在居

---

　　* 亩为非法定计量单位，15亩＝1公顷。

图1-1 某大型猪场实景

民区的下风向处，尽量利用废弃地、空闲地、生荒地等非耕地建设猪舍。不要把猪场建在地势低洼的窝地，以免造成通风不畅，导致空气环境恶劣，危害生产。

具体选址时，要灵活掌握，一般很难找到完全符合要求的场地，但应满足主要条件。如果条件允许，可多选几个，请专业人员或经验丰富的人员综合分析评价后，确定一个相对理想的建设场地。

2. 水电运输

（1）水源充足　能满足场内生活、猪只饮用及饲养管理用水的要求。水质良好，符合生活饮用水的标准，取用方便，经检验证明没有污染的井水、河水都是良好的水源。与水源有关的地方病高发区，不能作为无公害猪肉产品生产地。一般可按每头育肥猪每天用水15千克，每头种猪每天用水50千克计算用水量。

（2）电源就近　最好选择距可接线路或分电源较近的地方建场，既可获取充足电力，又能节省投资。同时，尽可能配备与养殖场规模相应的发电机。

（3）运输方便　在避开交通主干线后，要充分考虑物品运输的便捷。规模达到一定程度后，场内应设立净、污双道，净道运输饲料等投入品，污道运输生猪、粪污，避免交叉感染。

3. 安全环保　猪场环境应符合国家质量监督检验检疫总局发布的

《农产品安全质量无公害畜禽肉产地环境要求》（GB/T 18407）的规定，符合疫病防控的要求，符合当地政府的区划和环保要求。场址应选择在位于居民区常年主导风向的下风向或侧风向处。

考虑居民的环境卫生，应选择距集中 50 人居民点、工厂 200 米以上；距离一级以上公路主干线不小于 500 米，二级公路 200 米以上，二级以下公路 50 米以上；距屠宰场、兽医院、畜产品加工厂、畜禽交易市场、垃圾及污水处理厂、风景旅游区、自然保护区以及水源保护区等区域 2 000 米以上。

养殖区周围 500 米范围内、水源上游没有对产地环境构成威胁的污染源，包括工业"三废"、农业废弃物、医院污水及废弃物、城市垃圾和生活污水等污物。猪场周围 3 000 米无大型化工厂、矿厂、皮革厂、肉品加工厂、屠宰场或其他畜牧场污染源。

（二）布局结构

1. **建筑设施分区**　猪场布局要因地制宜，从有利于生产、方便生活等多方面来考虑。猪场各建筑的安排应结合地形、地势、水源、风向、防火、工艺、防疫、卫生、环保等自然条件以及猪场的近期和远期规划综合考虑，见图 1-2。一般可分为生活管理区、生产区、隔离区，见图 1-3。

图1-2　某大型猪场布局

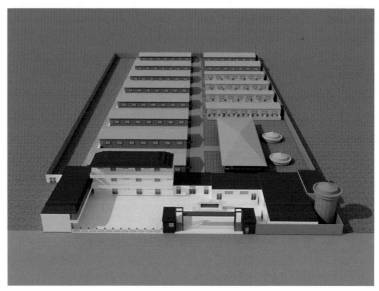

图1-3　猪场分区图

（1）**生活管理区**　主要包括办公室、职工宿舍、食堂、活动室等，设在生产区的上风向左侧面位置，中小型场一般不设生活区。

（2）**生产区**　主要包括各种类型的猪舍、人工授精室、饲料储存间、消毒更衣室、装猪台等，位于整个猪场的中心区域。生产区的入口处设消毒间和消毒池。生产区按夏季主导风向布置在生活管理区的下风向或侧风向处，污水、粪便处理设施和病死猪处理区按夏季主导风向设在生产区的下风向或侧风向处。

（3）**隔离区**　包括兽医室、病猪（或购入猪）隔离室、病死猪无害化处理室等，设在生产区的下风向左侧面位置，距离猪舍下风方向50米以上，见图1-4。

猪场功能分区图

图1-4　猪场依地势、风向配置示意图

猪场南北设置主干道，东西两侧设置边道，场区内设净道和污道。人员、动物和物资运转应采取单一流向，进料和出粪道严格分开，场区净道和污道分开，互不交叉。为了防疫和隔离噪声的需要，在猪场四周设置隔离林，猪舍之间的道路两旁植树种草，绿化环境，见图1-5。

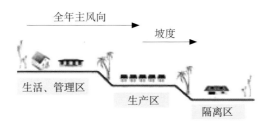

图1-5　猪场功能分区图

2. **生产区布局**　生产区是猪场的主要建筑区，一般建筑面积约占全场总建筑面积的70%～80%。主要由各类型的猪舍、生产设施、配套设施组成。猪舍布局要综合考虑地形、地势、风向等自然条件，一般为南北向，南北向偏东或偏西不超过30°，保持猪舍纵向轴线与当地常年主导风向呈30°～60°，见表1-1。

表1-1　全国部分地区建议建筑朝向

地　区	最佳朝向	适宜朝向	不宜朝向
北京	正南至南偏东30°以内	南偏东45°范围内 南偏西35°范围内	北偏西30°～60°
上海	正南至南偏东15°	南偏东30°，南偏西15°	北、西北
石家庄	南偏东15°	南至南偏东30°	西
太原	南偏东15°	南偏东至东	西北
呼和浩特	南至南偏东，南至南偏西	东南、西南	北、西北
哈尔滨	南偏东15°～20°	南至南偏东15°，南至南偏西15°	西北、北
长春	南偏东30°，南偏西10°	南偏东45°，南偏西45°	北、东北、西北
沈阳	南、南偏东20°	南偏东至东，南偏西至西	东北东至西北西
济南	南、南偏东10°～15°	南偏东30°	西偏北5°～10°
南京	南、南偏东15°	南偏东25°，南偏西10°	西、北
合肥	南偏东5°～15°	南偏东15°，南偏西5°	西
杭州	南偏东10°～15°	南、南偏东30°	北、西
福州	南、南偏东5°～10°	南偏东20°以内	西

（续）

地 区	最佳朝向	适宜朝向	不宜朝向
郑州	南偏东15°	南偏东25°	西北
武汉	南、南偏西15°	南偏东15°	西、西北
长沙	南偏东9°左右	南	西、西北

猪舍的安排顺序为公猪与空怀母猪配种舍、妊娠母猪舍、哺乳母猪舍、仔猪培育舍、生长育肥舍。种猪舍应放置在上风向，并与其他猪舍分开。公猪舍放置在较为僻静的地方，与母猪舍保持一定的距离。人工授精室设在公猪舍附近。分娩舍靠近仔猪培育舍，育成舍靠近育肥舍，育肥舍则应设在离场门较近的地方，以便于运输。装猪台应设在育肥舍的下侧（下风向），见图1-6。

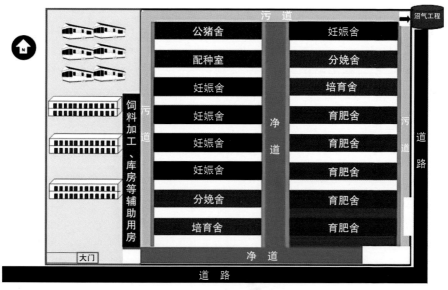

图1-6　猪舍排列示意图

3. 猪舍环境控制

（1）温度　是猪舍环境的主要因素，可采用供热、降温、隔热、通风、换气、采光、防潮等措施，保持最佳温度。50千克以上的育肥猪、后备猪、种猪防寒与防热的温度界限是6℃和22℃，低于6℃应防寒，高于22℃应防热。

（2）**通风换气** 可排除舍内污浊的空气，改善猪舍的空气环境，缓解高温对猪只的不良影响。依据通风效果确定猪舍间距，见图1-7。

（3）**湿度** 是影响环境的重要指标，要及时清除粪尿及污水，保证猪舍排水系统畅通。

5m　5m

图1-7 根据通风确定猪舍间距

（4）**光照** 是维护猪舍小气候的重要因素之一，对猪只的健康和生产力、对人员的工作条件和工作效率均有很大影响。依光照效果确定猪舍间距见图1-8。

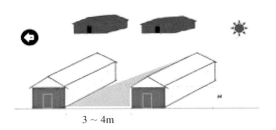

3～4m

图1-8 根据光照确定猪舍间距

（5）**饲养密度** 直接影响猪舍的空气卫生情况，饲养密度大，猪只散发出来的热量多，舍内温度就高，湿度增大，灰尘、微生物、有害气体的含量增高，噪声加大。冬季可适当提高饲养密度，夏季则要降低饲养密度。

增加猪场绿化面积，可改善猪场环境小气候。冬季可降低风速，夏季可起到降温的作用。

猪场内部环境绿化见图1-9、图1-10。

图1-9 节能环保猪舍一角

图1-10　优美的养殖环境

（三）工艺流程

1. 生产工艺流程　世界规模化养猪生产工艺可以划分为两种，即一点一线的生产工艺和两点或三点式生产工艺。一点一线的生产工艺是指在一个地方、一个生产场按配种、妊娠、分娩、保育、生长、育肥的生产流程组成一条生产线，该生产工艺是我国养猪业中采取的一般方式。两点或三点式生产工艺是20世纪90年代发展起来的一种新的工艺，它通过猪群的远距离隔离，达到控制各种特异性疾病、提高各个阶段猪群生产性能的目的，是现代规模化养猪采取的方式。

我国现代工厂化养猪生产大都采用分段饲养、全进全出的饲养工艺。按照猪的生理环节，即空怀与配种、妊娠、分娩、哺乳、保育、育成和育肥等组成不同的阶段，形成一条流水式的生产线。根据猪场的饲养规模、技术水平，不同的猪场应采用不同的生产工艺，切不可盲目追求某一形式，必须因地制宜，有计划、有节律、全进全出地进行生产。

"全进全出"就是指在同一单元的同一批个体差别不大的猪，同时进栏、同时出栏的饲养方法，便于猪舍的消毒净化，避免疾病的水平传播。原则上"同一单元"是指同一栋猪舍。全进全出制是猪场控制疾病的核心，要切断猪场疾病的循环，必须实行全进全出。同一单元猪转出后，对该单元进行彻底消毒（空舍7天以上），使下一批猪在健康的环境中顺利渡过转圈的危险期。

2. 生产运行工艺流程　根据商品猪生长发育不同阶段饲养管理方式的差异，可将生产阶段划分为"三段法"、"四段法"、"五段法"和"六段法"。工艺流程中饲养阶段的划分必须根据猪场的性质和规模，以充分发挥生产力水平为前提来确定。

（1）三阶段饲养工艺流程　空怀妊娠期→泌乳哺乳期及保育期→生长育肥期。

母猪配种并确定妊娠后，经114天的妊娠期，按照预产期相近的原则，在预产期前5～7天同批猪统一进入单元产房分娩并哺乳新生仔猪。哺乳期一般为21～24天。断奶后，母猪下床回空怀舍参加下一个繁育周期的配种，仔猪留在原圈（产房内）进行保育直至体重达到25千克左右，转群至育肥舍一直饲养到100千克左右出栏。

三段饲养是一种比较简单的生产工艺流程，其以减少仔猪应激为主要优势。产仔、培育一体化，猪群到出栏时只有一次周转，应激相对较小，有利于仔猪的健康生长及增重。

（2）四阶段饲养三次转群工艺流程　空怀及妊娠期→哺乳期→仔猪保育期→生长育肥期。将种猪分成空怀和妊娠阶段，商品猪分成断奶仔猪阶段和生长育肥阶段。分别置于空怀妊娠猪舍、分娩哺乳猪舍（产房）、断奶仔猪培育舍和育肥猪舍内分区饲养。

①母猪空怀和妊娠阶段。这一阶段空怀妊娠母猪可分栏小群饲养，每栏4～6头，也有的空怀母猪和妊娠母猪单栏限位饲养。这样母猪配种并确定妊娠后在空怀待配区饲养5周，在妊娠母猪饲养区内饲养11周，然后转入下一阶段饲养。

②母猪分娩哺乳阶段。同一周配种的母猪按预产期提前1周同批进入分娩母猪舍分娩栏内，完成分娩产仔和哺乳。哺乳期为4～5周，母猪在这一阶段共饲养5～6周，断奶后母猪回到空怀妊娠母猪舍参加下一繁殖周期的配种。断奶仔猪则转入断奶仔猪培育舍饲养。

③断奶仔猪培育阶段。仔猪断奶后，同批转入断奶仔猪培育舍，在高床保育栏网上原窝或两窝仔猪小群饲养。在此饲养5周，保育期持续到第10周，体重达到20千克以上，再同批转入生长育肥猪舍育肥。

④生长育肥阶段。从保育舍转到生长育肥猪舍的小猪，按育肥猪的饲养要求，饲养15～16周，体重达90～110千克时同批出栏上市。

四阶段饲养的优点：一是猪群转群次数相对较少，减轻了转群的工作负担和猪只周转所造成的应激反应；二是断奶仔猪比生长育肥猪对环境条件要求高，便于采取措施提高成活率；三是妊娠母猪单栏密集限位饲养避免了损伤和应激，降低了流产的可能性；四是待配母猪、妊娠母猪和后备公猪在同一猪舍内分区饲养，减少了猪舍种类和猪舍维修；五是在仔猪4周断奶转入保育舍后，可对产仔栏进行彻底清洁消毒，并空栏1周，有利于卫生防疫。

（3）五阶段饲养四次转群工艺流程　空怀及妊娠期→哺乳期→仔猪保育期→生长期→育肥期。

把空怀母猪和妊娠母猪编为一群，分娩哺乳母猪和仔猪为一群，仔猪断奶后进保育舍为一群，仔猪培育后转入育成舍为一群，最后为育肥群。五个阶段的猪群分别饲养在空怀妊娠母猪舍、分娩哺乳舍、仔猪保育舍、生长猪舍和育肥猪舍。采用五阶段饲养，仔猪28日龄断奶，从分娩猪舍转入断奶仔猪保育舍饲养6周，转入育成舍饲养8周，再转入育肥舍饲养8周，然后出栏上市（图1-11）。

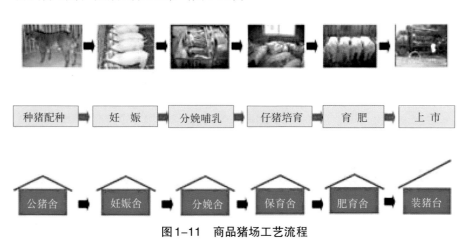

图1-11　商品猪场工艺流程

五阶段饲养和四阶段饲养的主要区别是从生长到育肥分3个阶段，商品猪由四阶段饲养的仔猪培育和生长育肥两阶段变为五阶段饲养的仔猪培育、育成和育肥三个阶段。仔猪从出生到出栏经过哺乳、保育、生长、育肥4个阶段。五阶段饲养可以最大限度地满足猪只从断奶到上市全过程中生长发育所需的饲料营养、环境管理的不同需要，充分发挥其生长潜力，提高养猪效率。缺点是猪群多次转栏，应激增加。

（4）六阶段五次转群的饲养工艺流程 空怀配种期→妊娠期→哺乳期→仔猪保育期→生长期→育肥期。

在大型猪场，由于规模大，更便于实施全进全出的流水式分阶段饲养工艺，划分的饲养阶段较多，专业分工较细。六阶段饲养工艺的特点是把空怀待配母猪与妊娠母猪分开，单独组群，更利于配种和提高繁殖效率。幼猪经培育（70日龄）以后，直接转入中猪生长阶段饲养，体重达35千克以后转入大猪育肥阶段（图1-12）。六阶段饲养的优点：一是断奶母猪复膘快、发情集中，便于发情鉴定和适时配种；二是猪只生长速度快；三是各阶段猪群全进全出，利于防疫保健。缺点为转群次数较多，增加了猪只的应激反应，同时增加了劳动量（图1-12）。

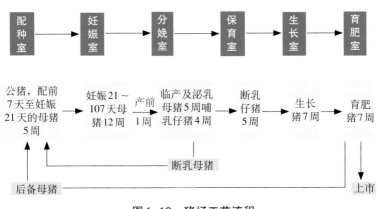

图1-12 猪场工艺流程

二、猪舍的建筑

（一）形式与结构

1. 猪舍的形式

（1）按屋顶形式 分单坡式猪舍、双坡式猪舍等。单坡式猪舍一般跨度小，结构简单，造价低，光照和通风好，适合小规模养猪场。双坡式猪舍一般跨度大，双列猪舍和多列猪舍常用该形式，其保温效果好，但投资较多，见图1-13。

（2）按墙的结构和有无窗户 分开放式猪舍、半开放式猪舍和封闭式猪舍。开放式猪舍三面有墙、一面无墙，通风透光好，造价低，但保温差。半开放式猪舍三面有墙、一面为半截墙，保温稍优于开放式（图1-14）。封闭式猪舍四面有墙，又分为有窗和无窗两种。

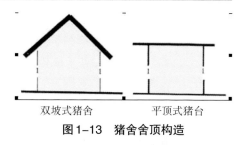

图1-13　猪舍舍顶构造

图1-14　半开放式塑料棚猪舍

（3）按猪栏排列　分单列式猪舍、双列式猪舍和多列式猪舍，见图1-15、图1-16。

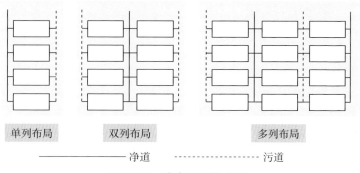

图1-15　猪舍排列模式图

图1-16 双列式猪舍

2. 猪舍的结构 猪舍建筑基本结构包括地面、墙壁、屋顶、门窗等，为猪舍的"外围护结构"。舍内的环境很大程度上取决于外围护结构的性能（图1-17）。

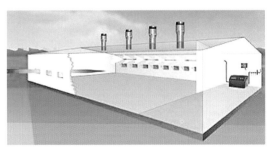

图1-17 猪舍结构剖面图

（1）地面 猪舍地面应坚固、耐久、抗机械作用力、保温、防潮、防滑、易于清扫与消毒。地面应斜向排粪沟，坡降为2%～3%，以利保持地面干燥。地面基础应比墙体宽10～15厘米。大多数猪舍采用混凝土地面，其特点是坚固、耐用，容易清扫、消毒，但不利于母猪和仔猪的保温。冬天可以在其上面放置木板或稻草。为克服水泥地面潮湿和传热快的缺点，最好在地面层选用导热系数低的材料，垫层可采用炉灰渣、空心砖等保温防潮材料。为了便于对粪尿进行干稀分流和冲洗清扫，保持猪栏的卫生与干燥，猪舍地面一般部分或全部采用漏缝地板。

（2）**墙壁**　猪舍墙壁对舍内温度和湿度保持起着重要作用。墙体要坚固、耐水、耐酸，具防火能力，便于清扫、消毒；同时应有良好的保温与隔热性能。猪舍主墙壁厚25～30厘米，隔墙厚度15厘米。

（3）**屋顶**　屋顶起遮挡风雨和保温作用，应具有防水、保温、承重、不透气、光滑、耐久、耐水、结构轻便的特性。

（4）**门窗**　猪舍门的设置可根据生产的需要，保证生猪顺利进出和方便生产管理。猪舍门一律向外开，门上不应有尖锐突出物，不应有门槛，不应有台阶。双列猪舍中间过道为双扇门，一般要求宽度不小于1.5米、高度2米，饲喂通道侧圈门高0.8～1.0米，宽0.6～0.8米。开放式种公猪舍运动场前墙应设门，高0.8～1.0米、宽0.8米。窗户的功能在于保证猪舍的自然光照和自然通风，有助于防暑降温，一般情况下窗距地面高1.2～1.5米。

（5）**猪栏**　规模化养猪场猪舍内均要设置猪栏。隔栏所需材料可就地取材（可用砖砌墙水泥抹面，也可用钢栅栏），栏高一般与圈门高相当。

（二）各类型猪舍

1. 空怀妊娠舍　空怀、妊娠母猪最常用的一种饲养方式是分组大栏群饲，一般每栏饲养空怀母猪4～5头、妊娠母猪2～4头。圈栏结构有实体式、栏栅式、综合式三种，猪圈布置多为单走道双列式。猪圈面积一般为7～9米²，地面坡降不大于1/45，地表不能太光滑，以防母猪跌倒。也有用单圈饲养母猪的，一圈一头。舍温要求15～20℃，风速为0.2米/秒（图1-18至图1-22）。

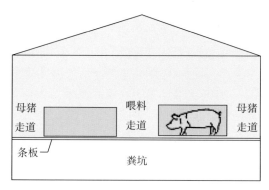

图1-18　全封闭式单栏饲养妊娠母猪猪舍剖面图（引自《养猪实用新技术》）

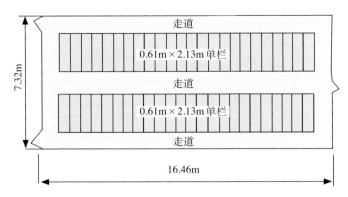

图1-19 全封闭式单栏饲养妊娠母猪猪舍平面图（引自《养猪实用新技术》）

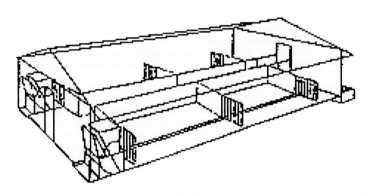

图1-20 全封闭圈式群养妊娠母猪舍透视图（引自《养猪实用新技术》）

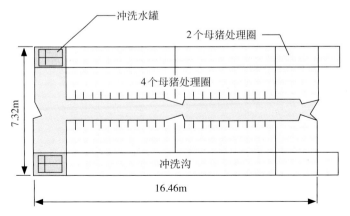

图1-21 全封闭圈式群养妊娠母猪舍平面图（引自《养猪实用新技术》）

图1-22 妊娠母猪舍、母猪栏

2. 母猪分娩舍 分娩室屋顶材料要有良好的保温隔热性能,以便于舍内温度的控制。侧墙壁安装排风机和湿帘,便于舍内温度、湿度、空气质量等小气候的调节和控制。分娩栏长2.1米、宽1.6 ～ 1.8米,使用面积为3.4 ～ 3.8米^2。圈栏用铁皮等板式物相隔,并紧靠床面,不作栅栏,以防仔猪相互接触。分娩栏内设有钢管拼装成的分娩护仔栏,栏宽0.6米,呈长方形,限制了母猪的活动范围,防止母猪踏压仔猪和便于母猪哺乳,栏前有食槽、饮水器,栏的两侧为仔猪活动场地,一侧放有仔猪保温箱,箱上设红外线灯,箱的下缘一侧有20厘米高的出口,便于仔猪进出活动。同时箱体可以折叠,夏季不用时可折叠竖于栏的一侧。分娩床两旁小猪活动区为全塑漏缝地板,母猪活动区为铸铁漏缝地板,有利于清洁排污和消毒灭菌(图1-23至图1-25)。

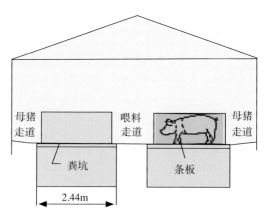

图1-23 产仔舍剖面图 (引自《养猪实用新技术》)

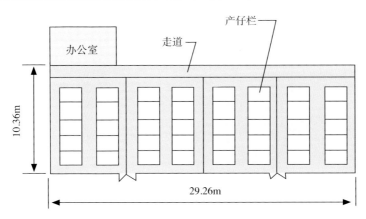

图1-24　产仔舍平面图（猪舍分成4个单间，每间10个产栏，产仔母猪按组隔离）　　　　（引自《养猪实用新技术》）

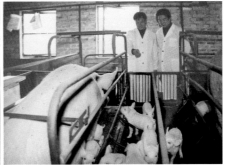

图1-25　母猪分娩舍实景图　　　　（引自《养猪实用新技术》）

3. 仔猪保育舍　仔猪保育多采用高床网上保育栏，主要用金属编织漏缝地板网、围栏、自动食槽、连接卡、支腿等组成，金属编织网通过支架设在粪尿沟上（或实体水泥地面上），围栏由连接卡固定在金属漏缝地板网上，相邻两栏间隔处设一自动食槽，供两栏仔猪自动采食，每栏安装一个自动饮水器。网上饲养仔猪，粪尿随时通过漏缝地板落入粪尿沟中，保持了网床上干燥、清洁，避免仔猪被粪便污染，减少疾病发生，大大提高仔猪成活率，是一种较为理想的仔猪保育方式。仔猪保育栏的长、宽、高尺寸，视猪舍结构不同而定，常用规格的栏长2米、宽1.7米、高0.6米，侧栏间隙0.06米，离地面高度为0.25～0.3米。可养10～25千克的仔猪10～12头（图1-26至图1-28）。

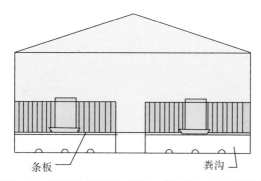

条板 粪沟

图1-26 保育舍剖面图（引自《养猪实用新技术》）

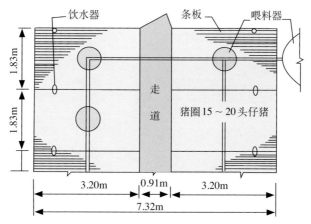

图1-27 保育舍平面图（引自《养猪实用新技术》）

图1-28 保育舍内景图

4. 育肥舍 由于育肥猪对环境的适应性较强，生长育肥舍的设计可遵循简单、实用的原则，并按全进全出的管理方式进行设计，以便于在不同批次之间进行清洁和消毒工作。通常我们把10～18周龄的猪称为生长猪，18周龄到出栏的猪称为育肥猪。为充分发挥栏舍利用率，一般将生长猪舍与育肥猪舍分开来建设。也有部分猪场不设生长猪舍，将猪只从保育舍转出后直接转入育肥舍。

育肥舍的内部结构基本相同：每个栏之间的隔墙用砖块砌成，水泥抹面；地面一般为水泥地面，栏门用热镀锌管或14#圆钢制作。沿猪舍墙边开一排粪沟，深50厘米、宽70～120厘米，上架水泥漏缝地板，缝隙宽1.8～2.0厘米。生长（育肥）舍的大小可按每头生长猪的活动空间不小于0.5米²，每头育肥猪不小于0.7米²的标准设计。生长育肥猪栏一般采用长方形设计，这样即方便饲养员清扫，又有利于保持猪栏的清洁、干燥（图1-29至图1-34）。

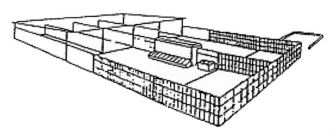

图1-29 前部敞开式生长育肥舍透视图（引自《养猪实用新技术》）

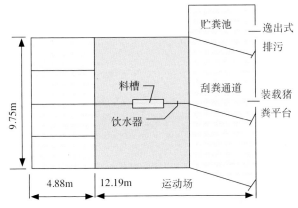

图1-30 前部敞开式生长育肥舍平面图（引自《养猪实用新技术》）

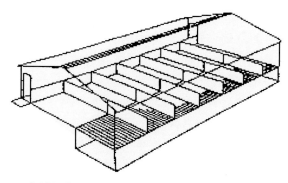

图1-31 全封闭式生长育肥舍透视图（引自《养猪实用新技术》）

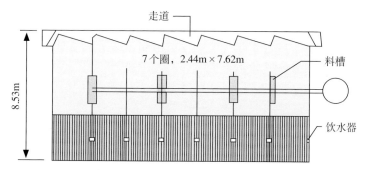

图1-32 全封闭式生长育肥舍平面图（引自《养猪实用新技术》）

图1-33 育肥舍内景一

图1-34　育肥舍内景二

5. **公猪舍**　公猪舍多采用带运动场的单列式猪舍，以保证其充足的运动，也可防止公猪过肥，可有效提高精液品质、延长公猪使用年限等。公猪栏要求比母猪和生长猪栏宽，隔栏高度1.2～1.4米，长2.9米、宽2.4米，面积一般为7～9米^2。栅栏结构可以是混凝土或金属，栏面积较大利于公猪地面为水泥漏缝地板运动。

（三）主要生产设备

　　母猪产仔和哺乳是工厂化养猪生产中最重要的环节。设计和建造结构合理的产仔栏，与保证母猪正常分娩、提高仔猪成活率有密切关系。工厂化猪场大多把产仔栏和哺乳栏设置在一起，以达到这个阶段饲养管理的特殊要求：①母猪和仔猪采食不同的饲料。②母猪和仔猪对环境温度的要求不同，母猪的适宜温度为15～18℃，而出生几天内的仔猪要求30～32℃。因此对哺乳仔猪要另外提供加温设备。③产仔母猪和初生仔猪对温度、湿度、有害气体和舍内空气流速等环境条件的要求严格。故产仔栏和哺育栏应容易清洁消毒，防止污物积存、细菌繁殖。地面粗糙度要适中，排水较好，清洗后易干燥。地板太光滑容易使猪滑倒，太粗糙又容易擦伤小猪的脚和膝盖。空气要新鲜，但没有疾风吹进来。④保护仔猪，以防被母猪压死、踩死，应设保护架或防压杆等设施。

　　1. **产仔哺育栏**　产仔哺育栏一般由三部分组成。

　　（1）母猪分娩限位栏　它的作用是限制母猪转身和后退，限位栏的下部有杆状或耙齿状的档柱，使母猪躺下时不会压住仔猪，而仔猪又可以通过此档柱去吃奶。限位栏一般长2～2.1米、宽0.6米、高1米。限位栏的前面装有母猪食槽和饮水器（图1-35）。

图1-35　产　床

（2）**哺乳仔猪活动区**　四周用0.45～0.5米高的栅栏围住，仔猪在其中活动、吃奶、饮水。活动区内安有补料食槽和饮水器。

（3）**仔猪保温箱**　箱内装有电热板或红外线灯，为仔猪取暖提供热量（图1-36、图1-37）。

图1-36　仔猪保温箱（红外线）

图1-37 仔猪保温箱（红外线）

产仔哺乳栏一般为金属结构，也用砖砌或用水泥板作围栅的，而分娩限位栏仍用金属结构。全栏的长度为2.1 ~ 2.3米，宽度为1.5 ~ 2米（图1-38）。

图1-38 分娩栏

2. 仔猪保育床 这种栏饲养的是断奶后至70 ~ 77日龄的幼猪。在此期间，幼猪刚刚断奶离开母体独立生活，消化机能和适应环境变化的能力还不强，需要一个清洁、干燥、温暖、风速不高而又空气清新的环境。网上培育栏的网底离地面0.3～0.5米，使幼猪脱离阴冷的水泥地面；底网用钢丝编织；栏的一边有木板供幼猪躺卧，栏内装有饮水器和采食箱。幼猪培育栏的一般长1.8米、宽1.7米、高0.7米。每个栏可饲养10～12头幼猪，正好养一窝幼猪（图1-39、图1-40）。

图1-39 保育舍及保育床

图1-40 保育床上的仔猪

3. 食槽和饮水器

（1）**食槽**　猪好啃好拱，食槽是不可缺少的养猪设备，分为乳猪用饲料器、分娩母猪饲料槽、小猪饲料槽等（图1-41至图1-43）。

图1-41　乳猪饲喂器

图1-42　分娩母猪饲料槽

现代化猪场新型喂料器采用湿拌料设计，可提高猪的采食量，不锈钢槽底及剂量装置保证了饲料卫生又下料准确，不浪费饲料，适用于自动上料系统配套使用。

（2）**猪用饮水器**　应用于现代化猪场，为猪只提供清洁的饮用水，是不可缺少的养猪设备。猪用自动饮水器的种类很多，有鸭嘴式、乳头式、杯式等，应用最为普遍的是鸭嘴式猪只自动饮水器（图1-44）。

图1-43　小猪饲料槽

图1-44　不锈钢、铜制猪猪用鸭嘴式自动饮水器

4. 通风降温保温设施　猪的饲养效果很大程度上取决于猪舍小气候条件。猪舍小气候调节设备主要包括通风设备、供热保温设备和防暑降温设备。

在舍内密集饲养情况下，自然通风难以满足猪舍内通风换气的要求。通风机是猪舍机械通风的最主要设备。

供热保温大多针对仔猪，主要用于分娩栏舍和保育栏舍。局部供暖最常用的是红外线灯，优点是设备简单、安装方便灵活。红外线灯本身发热量和温度不能调节，但可以通过调节灯具的吊挂高度来调节仔猪群的受热量。在分娩栏内常用红外线灯给仔猪活动区加温。与红外线灯类似的局部供暖设备是红外线加热器，其使用寿命长、安全可靠，但费用较高。另一种仔猪保暖常用设备是电热保温板，其外壳用机械强度高、耐酸碱、耐老化、不变形的工程塑料制成，板面附有条纹以防仔猪跌滑。调温型电热保温板内装感温元件，外装电子控温装置，可随外界温度变化自动调节并保持预先设定的适宜温度。

猪的皮肤缺乏汗腺，炎夏季节为防止猪受热中暑，应采取必要的防暑降温措施。喷雾降温系统是在猪栏的粪便区上方安装喷雾器，淋湿猪身，通过水分蒸发使猪获得良好的降温效果。滴水降温法多用于母猪分娩栏内，母猪需要降温，而小猪要求温度稍高，且不能喷水使分娩栏内地面潮湿，此时可采用滴水降温法，即让冷水对准母猪颈部滴下，水滴在母猪背部体表散开、蒸发，达到吸热降温的目的。此外，由于颈部的神经作用，母猪会感到特别凉爽。这种方法既降低了母猪局部环境温度，又保证了仔猪对干燥环境的需求。在自动化程度比较高的猪场通常采用湿帘降温，见图1-45至图1-49。

图1-45　降温湿帘

图1-46　保温箱及仔猪

图1-47　通风设施

图1-48　保温灯及仔猪

图1-49　热风机

三、主要配套设施

（一）防疫消毒管理

1. 猪场消毒　消毒是猪场的日常工作，正确地清洗和消毒对控制各种猪病的发生起着非常重要的作用。

消毒对象广泛，有生活区、猪舍、走道、大门、器械等，消毒程序包括常规消毒、空栏舍的消毒、发生疫情以后的消毒等，各个过程要注意的细节不同，不可采取一刀切的做法。

防治猪病要把消毒工作放在首位，要从重点抓消毒入手，把消毒工作作为抗病的第一道防线。要合理使用消毒剂和制定消毒方案，规范消毒作业，严格操作过程。消毒不应增加猪群应激，达到绿色消毒保健目的（图1-50至图1-52）。

图1-50　猪场大门消毒池

2. 主要设备　凡是进场人员都必须经过温水彻底冲洗、更换场内工作服，工作服应在场内清洗、消毒。更衣间主要设有更衣柜、热水器、淋浴间、紫外线灯等。集约化猪场原则上要保证场内车辆不出场，场外车辆不进场。为此，装猪台、饲料或原料仓、集粪池等设计在围墙边。

图1-51　人员消毒通道

图1-52　超声波雾化消毒

考虑到其他特殊原因，有些车辆必须进场，应设置进场车辆清洗消毒池、车身冲洗喷淋机等设备。环境清洁消毒设备主要有地面冲洗喷雾消毒机和火焰消毒器。地面冲洗喷雾消毒机采用高压冲洗喷雾，冲洗彻底干净，节约用水和药液，机动灵活，操作方便，是工厂化猪场较好的清洗消毒设备。火焰消毒器利用煤油高温雾化、剧烈燃烧产生高温火焰对舍内的猪栏、舍槽等设备及建筑物表面进行瞬间高温燃扫，达到杀灭细菌、病毒、虫卵等消毒净化目的。火焰消毒器杀菌率高，无药液残留，操作方便。

3. 猪场常用的化学消毒剂及消毒剂的选用　猪场常用的化学消毒剂有氯制剂类、过氧化物类、季铵盐类、酚类、强碱类、弱酸类、碘制剂类等。

（1）氯制剂类　漂白粉：有效氯不低于25%，饮水消毒浓度为0.03%～0.15%。优氯净类：如消毒威、消特灵，使用浓度为1：400～500，喷雾或喷洒消毒。二氧化氯类：如杀灭王，使用浓度为1：300～500，喷雾或喷洒消毒。

（2）过氧化物类　过氧乙酸：多为A、B两类瓶装，先将A、B液混合作用24～48小时后使用，其有效浓度为18%左右。喷雾或喷洒消毒时的配制浓度为0.2%～0.5%，现用现配。

（3）醛类　甲醛：多为36%的福尔马林，用于密闭猪舍的熏蒸消毒，一般为每立方米福尔马林14毫升加高锰酸钾7克。消毒时，环境湿度＞75%，猪舍密闭24小时以上后，打开通风5～10天。

（4）季铵盐类　双链季铵盐：如百毒杀、1210、1214等，使用浓度为1：1 000～2 000喷雾或喷洒消毒（原液浓度为50%）。

（5）**酚类**　菌毒敌、菌毒灭，使用浓度为1：100～300。

（6）**强碱类**　火碱：含量不低于98%，使用浓度为2%～3%，多用于环境消毒。生石灰：多用于环境消毒，必须用水稀释成20%的石灰乳。

（7）**弱酸类**　灭毒净（柠檬酸类），使用浓度为1：500～800。

（8）**碘制剂类**　PV碘、威力碘、百菌消-30，一般使用浓度为50×10^{-6}。

由于消毒剂种类很多，选择时要综合考虑以下几点：①选择的消毒剂应效力强、效果广泛、生效快且持久、稳定性好、渗透性强、毒性低、刺激性和腐蚀性小、价格适中。②充分考虑本场的疫病种类、流行情况和消毒对象、消毒设备、猪场条件等，选择适合本场实际情况的几种不同性质的消毒剂。③充分考虑本地区的疫病种类、流行情况和疫病可能的发展趋势，选择对不同疫病消毒效果确实的几种不同性质的消毒剂。

4. **严格防疫**　现在，多数猪场已认识到防疫的重要性。严格防疫，形成制度。如消毒制度、隔离制度、免疫制度、兽药监管制度、检疫监督制度、动物产地检疫报检制度、动物及动物产品购销登记制度、疫情报告制度等。见图1-53至图1-61。

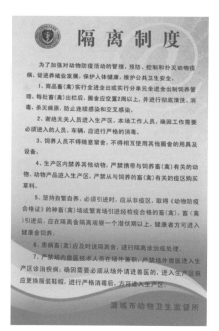

图1-53　隔离制度

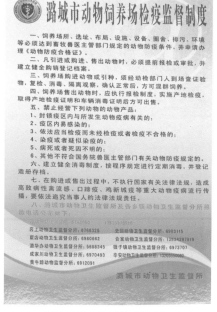

图1-54　检疫监督制度

兽药监管制度

加强兽药监管，确保动物、动物产品安全，保护人体健康，维护公共卫生安全。养殖场（户）、动物诊疗单位（个人）兽药经营单位（个人）必须严禁使用、出售合成类固醇类、b受体激动剂、糖皮质激素以及玉米赤霉醇等兴奋剂类物质和禁用药物、假冒伪劣药物，严格要求养殖场（户）执行兽药休药期规定，建立健全兽药购销台账，用药台账，对违法违规的单位（个人）加大处罚力度，并依法追究责任人责任。

潍城市动物卫生监督所

图1-55 兽药监管制度

动物产地检疫报检制度

一、为规范动物产地检疫工作，根据《中华人民共和国动物防疫法》、《动物检疫管理办法》及动物检疫的相关规定，制定本制度。

二、动物产地检疫实施报检制度。

三、动物、动物产品出售、运输之前，畜主应当按照规定时间向所在地动物卫生监督所（或报检点）申报检疫。

四、动物产品、供屠宰或者育肥的动物提前三天，种用、乳用动物提前十五天报检，因生产生活特殊需要出售、调运和携带动物或者动物产品的，随报随检。

五、报检可采用书面、传真、电话等形式，但企业初次报检、种用、乳用动物报检采用书面形式。

六、动物报检应提供畜主姓名、地址、报检动物种类、数量、约定检疫时间、用途、联系电话等信息，并准备好相应的养殖档案备查，依法应当办理检疫审批的，须同时提交检疫审批单。

七、报检人虚假报检，应承担相应的责任。

八、动物卫生监督所（或报检点）接到报检，应当记录报检信息，及时派出检疫人员到现场实施检疫。

潍城市动物卫生监督所

图1-56 产地检验报检制度

养殖场消毒制度

为了加强养殖场的动物卫生监督管理，预防动物疫病的发生，切断动物疫病的传播途径，确保本场养殖业的健康发展，根据有关法律法规的规定，特制订本制度。

一、本场消毒要在动物卫生监督机构指导下进行，不具备条件的由动物卫生监督所进行消毒，并按国家有关规定收取费用。

二、圈舍、用具的常规消毒次数，间隔时间最长不得超过7日，每天要进行粪便及剩余饲料的清扫、清除。

三、场内的环境卫生、除经常打扫外，每月至少要彻底进行2-3次消毒。

四、根据动物卫生监督机构的有关规定，严格控制的疫病要在当地动物卫生监督分所技术工作人员的指导下，进行针对性预防性消毒。

五、本场工作人员的工作服要定期消毒，非本场工作人员进入要进行常规消毒，非常时期要针对性严格消毒。

六、装载动物的车辆要进行严格消毒后，方可进出。

潍城市动物卫生监督所

图1-57 消毒制度

规模养殖场免疫制度

1、兽医防疫人员按免疫程序（强制免疫程序按国家规定执行）具体实施免疫，免疫剂量、免疫部位等要符合技术要求，严格消毒。

2、免疫的同时要加施畜禽标识、填制免疫证卡及免疫档案。

3、强制免疫所需疫苗由动物疫病预防控制中心（或畜牧兽医站）统一供应。

4、免疫应免率要保证常年维持在100%，群体免疫密度常年保持在90%以上，免疫合格率常年保持在70%以上。

5、强制免疫过敏死亡的畜禽要及时报畜牧兽医站，拍照、开具证明。

图1-58 免疫制度

图1-60　规章制度上墙

图1-59　疫情报告制度

图1-61　档案资料健全

（二）饲料调储

饲料加工调制　猪饲料经过适当的加工调制，可消除有毒物质，缩小容积，提高适口性和营养价值。主要调制方法有粉碎、打浆、青贮等。

（三）粪污处理

粪污处理与综合利用的目的是使养猪场的粪污得到资源化利用。猪粪同工业污染源生产的废弃物不同，它是一种有价值的资源，包含农作物所必需的氮、磷、钾等多种营养成分，还含有75%的挥发性有机物，经处理后可作为肥料、饲料、燃料，具有很大的经济价值。

污水经过适当的净化处理可以用于农田、绿地的灌溉，进入渔塘养鱼，有条件时还可考虑回用冲洗猪舍。固体粪污经处理后可作为高效有机肥。利用猪粪生产有机肥，不仅可减轻对环境的污染，还可提高土壤有机质含量，提高土壤肥力。因此猪场的污染防治必须首先建立在资源化利用的基础上。猪场粪污处理和综合利用技术除固体粪便的堆肥化处理之外，还包括固体粪便培养蚯蚓和养殖藻类、液体污水沼气综合利用等。见图1-62至图1-64。

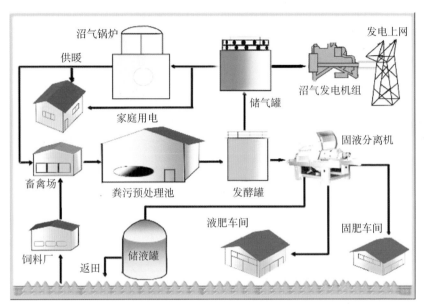

图1-62　粪污处理及沼气利用示意图

图1-63　粪污处理

图1-64 沼气利用

工艺流程：家畜粪尿含粗纤维、粗蛋白质、粗脂肪和醇类等物质，它们在自然界易于分解，并参与物质再循环过程。家畜粪尿由于土壤、水和大气的理化和生物作用，经过稀释和分解、逐渐得到净化，进而通过微生物、动植物的同化、异化作用，又重新形成蛋白质、脂肪和糖类，再度为家畜利用。充分利用这种循环途径，采用农牧结合、互相促进的方法，是当前处理家畜粪尿的基本措施。处理与利用的方法有：用作肥料、生产沼气和用作饲料。

第二章 正确选用良种

选用良种是基础，效益一半他创造。
国外品种瘦肉型，长白大白杜洛克。
头颈清秀背腰平，后躯丰满尾根翘。
母猪臀部忌过大，腹部微垂是优点。
公猪雄起气昂昂，口吐白沫劲步前。
合理引种详计划，检疫证明看仔细。
种猪运输很关键，冬保暖来夏降温。
车辆用具彻消毒，猪只上车勿过饱。
引回种猪细照料，隔离消毒不能少。
勤观察来细管理，适时免疫保康健。

一、常用优良猪种（杜、长、大）

（一）长白猪

原产于丹麦，体躯长，毛色全白，故在我国称其为长白猪。长白猪是1887年用大约克夏猪与丹麦土种猪杂交后经长期选育形成，1961年成为丹麦全国唯一推广品种，是目前世界上分布很广的瘦肉型品种。

1.**外貌特征** 全身白色，允许偶有少量暗黑斑点，体躯呈流线型，耳较大，向前倾或下垂，背腰特长，体躯丰满。乳头数7～8对（图2-1、图2-2）。

2.**生产性能**

（1）**繁殖性能** 母猪初情期170～200日龄，230～250日龄、体重120千克以上适宜配种。母猪总产仔数初产9头以上，经产10头以上；21日龄窝重初产40千克以上，经产45千克以上。

（2）**生长发育** 达100千克体重180日龄以下，饲料转化率2.8以下，

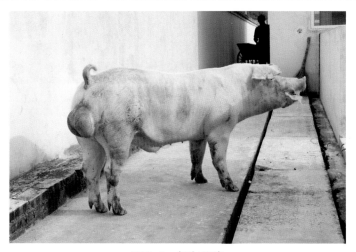

图2-1　长白公猪

图2-2　长白母猪

100千克体重时，活体背膘厚15毫米以下，眼肌面积30厘米^{2}以上。

（3）**胴体品质**　100千克体重屠宰时，屠宰率72%以上，背膘厚18毫米以下，眼肌面积35厘米^{2}以上，后腿比例32%以上，瘦肉率62%以上。肉质优良，无灰白、柔软、渗水、暗黑、干硬等劣质肉。

3. **品系**　由于长白猪在世界的分布广泛，各国家根据各自的需要开展选育，在总体保留长白猪特点的同时，又各具一定特色，我国通常按照引种国别和地区，分别将其冠名为××系长白猪，主要有丹系、法系、瑞系、美系、新美系、加（加拿大）系和台系等。

（二）大白猪

大白猪又称大约克夏猪，18世纪于英国育成。特称为英国大白猪。输入苏联后，经过长期风土驯化和培育，成为苏联大白猪。后者的体躯比前者结实、粗壮，四肢强健有力，适于放牧。

1. **外貌特征**　大白猪全身皮毛白色，允许偶有少量暗黑斑点，头大小适中，鼻面直或微凹，耳竖立，背腰平直。肢蹄健壮、前胛宽、背阔、后躯丰满，呈长方形体型（图2-3、图2-4）。

图2-3　新美系大白公猪

图2-4　新美系大白母猪

2. 生产性能

（1）**繁殖性能**　母猪初情期 165 ～ 195 日龄，220 ～ 240 日龄、体重 120 千克以上适宜配种。母猪总产仔数初产 9 头以上，经产 10 头以上；21 日龄窝重初产 40 千克以上，经产 45 千克以上。

（2）**生长发育**　达 100 千克体重 180 日龄以下，饲料转化率 2.8 以下，100 千克体重时，活体背膘厚 15 毫米以下，眼肌面积 30 厘米^{2}以上。

（3）**胴体品质**　100 千克体重屠宰时，屠宰率 70% 以上，背膘厚 18 毫米以下，眼肌面积 30 厘米^{2}以上，后腿比例 32% 以上，瘦肉率 62% 以上。肉质优良，无灰白、柔软、渗水、暗黑、干硬等劣质肉。

3. **品系**　主要有英系、法系、瑞系、美系、新美系和加（加拿大）系等。

（三）杜洛克猪

杜洛克猪原产于美国，为大型猪种之一。杜洛克猪适应性强，对饲料要求低，喜食青绿饲料，能耐低温，但对高温的耐力较差。

1. **外貌特征**　毛棕红色，可由金黄色到暗棕色，樱桃红色最受欢迎，允许体侧或腹下有少量小暗斑点。耳中等大，向前稍下垂，四肢粗壮（图 2-5 至图 2-7）。

2. **生产性能**　母猪平均产仔数 10 头左右，达 100 千克体重 165.5 日龄，100 千克体重活体背膘厚 11.02 毫米，30 ～ 100 千克饲料转化率 2.61，平均日增重 948 克，瘦肉率 59.2%。公猪 30 ～ 100 千克阶段平均日增重

图 2-5　台系杜洛克公猪

图2-6　台系杜洛克母猪

图2-7　新美系杜洛克公猪

924克，饲料转化率2.30，瘦肉率59.9%。

3. 品系　主要有美系、加系和台系，尤以台系杜洛克猪最受欢迎。

二、良种猪杂交利用

（一）杂交优势

1. 杂交的概念　杂交是指将遗传上不同的品种或品系的个体相互交

配。见图2-8、图2-9。不同种群的家畜杂交所产生的杂种，往往在生活
力、生长势和生产性能等方面，表现一定程度上优于其亲本，这就是杂
种优势现象。它综合了双亲的某些优点，表现为生活力强、适应性好、
生长发育快、生产性能高和不苛求饲养管理条件等。

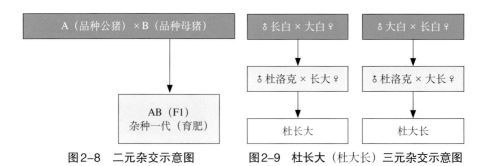

图2-8　二元杂交示意图　　图2-9　杜长大（杜大长）三元杂交示意图

　　2. **杂交优势**　在生物界两种遗传基础不同的植物或动物进行杂交，
其杂交后代所表现出的各种性状均优于杂交双亲，比如抗逆性强、早熟
高产、品质优良等，这称之为杂交优势。杂交产生优势是生物界普遍存
在的现象。

　　3. **杂交优势的利用**　猪种代表了养猪生产过程中表现的繁殖、增
重、饲料报酬和瘦肉率等生产性能的遗传基础，不同的猪种在同样
的生产条件下会产生不同的生产效果。因此，根据生产条件和产品
要求选择适宜的猪种并进行杂种优势利用，对提高生产性能与经济
效益具有十分重要的意义。一般地说，最好能够使用三元杂交的方
式生产商品猪。母本最好选用国内优良的地方品种或培育品种，父
本选择外来品种。这样，既可以得到较好的繁殖性能和适应性，同
时又可以得到较高的瘦肉率、增重速度和饲料报酬，其结果是取得
较好的经济效益。

（二）长大（大长）二元杂交猪

　　即长白公猪与大白母猪或者是大白公猪与长白母猪杂交所产生的一代
杂种（长大或大长）母猪。

　　1. **外貌特征**　体型大，体态丰满，四肢强健，背腰平直，不踏蹄不
拖肚，瘦肉率高，产仔数适中（图2-10）。

2. 生产性能　情期受胎率90%，窝平均产仔数10.95头，35日龄平均断奶窝重98.3千克。

（三）杜长大（杜大长）三元杂交猪

1. 外貌特征　身子长，后臀大，双脊背，小耳朵，小肚子。具有生长快、饲料利用率高、瘦肉率高、经济效益明显等特点。

2. 育肥性能　生长快，饲料转化率高，抗逆性强。育肥期平均日增重

图2-10　推广选育的二元杂交仔猪

750克以上料肉比为2.5 ～ 3.0 : 1，胴体瘦肉率60%以上，屠宰率75%。

三、引种目标

国内种猪市场上外来瘦肉型品种主要有纯种猪、二元杂种猪及配套系猪等，引种时主要考虑本场的生产目的，即生产种猪还是商品猪，是新建场还是更新血缘，不同的目的引进猪的品种、数量各不相同。生产种猪，一般需引进纯种猪，如大白猪、长白猪、杜洛克猪，可生产销售纯种猪或生产二元杂种猪。生产商品猪，小规模养殖户可直接引进二元杂种母猪，配套杜洛克猪公猪或二元杂种公猪繁殖三元或四元商品猪；大规模养猪场可同时引入纯种猪及二元杂种母猪。纯种猪用于杂交生产二元杂种母猪，以满足二元杂种母猪的更新需求，避免重复引种。二元杂种猪直接用于生产商品猪。也可直接引入纯种猪进行二元杂交，二元杂种猪群扩繁后再生产商品猪。这种模式的优点：①投资成本低；②保证所有二元品种纯正；③猪群整齐度高。缺点是见效慢，大批量生产周期长。

（一）引种前主要工作

1. 制定科学合理的引种计划　引种前要根据本猪场的实际情况制定出科学合理的引种计划，计划包括引种猪的品种（大白猪、长白猪、杜洛克猪）、种猪级别（原种、祖代、父母代）、引种数量（关系到核心群的组建）

等。要选择到能够提供健康无病、性能优良种猪的大型种猪场引种。

2. 引种前的准备　引种前应将隔离舍彻底冲洗、消毒并且空舍至少1周以上，隔离舍要远离已有猪群。可设计一个装猪台，这样运猪人员不用进场即可把猪卸入场内，既方便又可防止带入疾病。

3. 挑选后备母猪的要点　①体重应在60千克以下，具备本品种特征（毛色、头型、耳型等），面目清秀。②乳头排列均匀整齐，有一定间距，没有无效乳头（瞎乳头、翻乳头、副乳头）。③外阴较大且下垂。阴户较小而且上翘的母猪往往是生殖器官发育不良的表现。

4. 挑选后备公猪的要点　①睾丸发育良好，轮廓明显，左右对称，大小一致，没有单睾、隐睾或赫尔尼亚。②包皮内没有明显的积尿。③具备明显的雄性特征，四肢强健有力。

5. 装运　办好一切必要的手续后再装车，运猪车辆在出发前和到达引种猪场后都应充分冲洗、彻底消毒。车内适当铺一些垫料（如沙土、锯末等），以防车内太滑。要仔细查看引种猪场的检疫证明和消毒证明是否合格。夏季还应准备充足的饮水。

（二）引种后的工作

1. 隔离　新引进的种猪，应先饲养在隔离舍，而不能直接转进种猪生产区。

2. 消毒和分群　种猪到达目的地后，立即对卸猪台、车辆、猪体及卸车周围地面进行消毒（图2-11），然后将种猪卸下，按大小、公母进行分群饲养。

3. 加强管理　先给种猪提供饮水，休息6～12小时后方可供给少量饲料，第2天开始可逐渐增加饲喂量，5天后才能恢复到正常饲喂量。

4. 隔离与观察　种猪到场后必须在隔离舍隔离饲养30～45天，严格检疫。

5. 运动锻炼　种猪体重达90千克以后，要保证每头种猪每天2个小时的自由运动

图2-11　严格消毒

时间，以提高其体质，促进发情。

（三）引种误区

1. 选择价格低廉的种猪，忽视种猪质量 一些养猪户，特别是刚步入养猪行业的专业户，选择种猪时往往只讲价钱不讲质量。而一旦发现购买的种猪质量比较差，繁育的后代生长速度慢、饲料转化率低、出栏时间长时已经晚了一年了，给自己的猪场带来了损失。

2. 过分追求种猪体型 种猪、特别是后躯发育比较丰满的种猪和商品猪是不同的，不能按商品猪的要求和标准选择种猪。后臀特别发达的种猪不易发情，配种困难，容易发生难产，且往往背部下凹、变形，淘汰率高；背膘薄的母猪通常泌乳力差，仔猪的成活率低（背膘厚和泌乳力呈正相关）。很多客户在购买种猪时，总是希望选择到"双肌臀"或"双肌背"体型的种猪，这种做法是不太明智的。"双肌臀"和"双肌背"的概念是不同的，从猪的后躯观察，臀部左右两侧肌肉丰满，称为"双肌臀"；从背部看背中线两侧肌肉发达，称"双肌背"。这些只是猪的一种体型特征，很多瘦肉型纯种猪或杂交猪均为这样的体型。双肌猪的泌乳力要比正常体型猪的泌乳力差10%，直接影响仔猪的断奶重，同时，这一表现型也不是固定的，父母表现双肌性状，其后代不一定表现出双肌性状，且随着生产的不断进行，这一基因会发生漂移，更多的是杂种优势表现。

很多种猪场为了抓住客户的心理，把母猪后臀发育大小作为猪场的选育目标，通过饲养技术使其过分发育，购买这些种猪的客户回到自己猪场进行饲养后，由于饲料条件发生变化，猪的后臀变小了，不能正常发情配种，其淘汰率在40%～50%，很多养猪户在这方面都有很深刻的教训。购买母猪要侧重于其性能特征，特别要注意与繁殖性能有关的体型外貌，如四肢粗壮结实、第二性征（如奶头、外阴部、体躯结构）的匀称等，仅仅后躯发育特别优秀的母猪并不适宜作为种用。如果挑选种公猪，应该侧重瘦肉率、胴体品质、四肢粗壮、生长速度、饲料报酬等性状和体型外貌，这是提高后代瘦肉率和体型的最好保证。

3. 盲目引进新品种，不注重猪的经济价值 养猪生产的目的是为了经济效益，现在市场上猪的品种比较多，如杜洛克猪、长白猪、大约克猪、皮特兰猪、斯格猪、PIC配套系猪等，比较理想的杂交模式是杜长大三元杂交。这是因为三元杂交充分地利用了杂种优势（二元母猪繁殖方面的优势，终端父本的瘦肉率、生长速度方面的优势）；三元杂交比较易于操作，有较大的制种机动性，有利于降低成本。杜洛克猪、长白猪、大白猪一直是生产瘦肉型猪的三个首选品种，它们本身的生产性能也在不断选育中得到了提高。养猪生产应该选择理想的品种和杂交模式。实际生产中，任何一个品种，让其同时具备瘦肉率最高、产仔数最多、生长速度特别快、适应性又很强都是不可能的，任何一个品种都有优点和缺点，在生产中只能充分利用其优点，通过杂交而使之更加符合市场的要求。养殖户引种时，注意不要盲目购买和饲养不适合自己发展的所谓新品种，这样的猪种对饲养条件要求比较高，不容易饲养成功，还是尽可能购买大众品种。在有了经济和技术实力后，再考虑引进那些特别的专门化的猪种，尽可能少走弯路，减少经济损失。

4. **多处引种带来多种疫病，淘汰率高** 许多人都认为多猪场引种，种源多、血缘宽，有利于本场猪群生产性能的改善，但是每个猪场的病原谱差异较大，而且现在疾病多数都呈隐性感染，因此，不同猪场的猪混群后，某些疾病暴发的可能性很大。引种时，应尽量从一家或少数种猪场引进种猪。引种的猪场越多，带来疫病的风险越大。为安全可靠，引进种猪时可进行实验室检测，或要求场家提供免疫记录、免疫程序等。由于这些工作技术性很强，因此，一定要聘请有经验的专业人员把关，少走弯路而保证引种适宜。从确保猪群健康的角度出发，引进的种猪必须进行一段时间（30～40天）的隔离饲养，一方面观察其健康状况，适时进行免疫接种；同时，也可令其适应当地的饲养条件，更容易获得成功。

第三章　精细饲养管理

公猪营养要均衡，适度膘情是关键。
单圈饲养常刷拭，运动配种保平衡。
体重达标始配种，精液品质要常查。
冬防寒来夏防暑，通风换气保康健。
后备母猪适时配，膘情适中不过肥。
阴户红肿流黏液，爬跨他猪排尿频。
静立反射好时机，二次配种保受孕。
老配早来小配晚，不老不小配中间。
疲倦贪睡食量增，增膘明显已妊娠。
前期限饲可保胎，青绿饲料益处多。
中期体况应适宜，后期加料促仔重。
三三三法知预产，娩前三天渐减料。
产仔当天不喂料，若遇难产须助产。
剪去指甲手消毒，万不得已用手掏。
小猪出生即擦干，口鼻黏液速去掉。
及早吃足母初乳，保温防压很重要。
产后三天奶头定，补铁补硒不可少。
开食补料宜提早，方法多多巧用脑。
断奶关口少应激，两维持来三过渡。

一、母猪饲养管理

（一）后备猪的饲养管理

"后备猪是猪场的命根子"，后备猪的饲养管理不但影响到猪的发情配种，还会影响猪的产后哺乳、断奶后发情，最主要是影响种猪的利用年限。

1. **后备母猪的选留** 挑选后备母猪的条件是：要有健壮的体质和四肢。四肢有问题的母猪会影响以后的正常配种、分娩和哺育能力。要具有正常的发情周期，发情征兆明显，外生殖器官发育正常。阴门小的母猪不能选留。有效乳头至少在6对以上，两排乳头左右对称、间距适中（图3-1）。

2. **后备母猪的管理** 后备猪的培养直接关系到初配年龄、使用年限及终身生产成绩，规模猪场大多选用进口品种，这些品种有一个共同的特点，即性成熟晚、发情征状不明显，给配种工作增加了一定难度，这使后备猪的培育变得更加重要（图3-2）。

图3-1　优质后备母猪　　　　图3-2　选留的后备猪

（1）**隔离饲养** 由于新老猪场存在不同的疾病种类，种猪到场后必须在隔离舍隔离饲养45天以上，并严格检疫。特别是对蓝耳病、伪狂犬病（PR）、乙型脑炎等疫病要特别重视，需采血经有关兽医检疫部门检测，确认没有细菌感染阳性和病毒野毒感染，并监测猪瘟、口蹄疫等抗体情况。观察猪群状况：运输往往会出现轻度腹泻、便秘、咳嗽、发热等症状，饲养员要勤观察，如发现以上症状不要紧张，这些一般属于正常的应激反应，可在饲料中加入药物预防，如用支原净和金霉素，连喂2周，即可康复。

（2）**母猪的繁殖利用** 对母猪配种适龄众说不一，对现在的长大系列品种来说，我们认为可以这么掌握：发情两次或两次以上，体重达110

千克以上，最好7月龄以上。发情已达2次，说明已达性成熟，生殖器官的发育已能满足妊娠产仔的需要；体重达110千克，符合达到成年体重40%～50%的身体要求。我们认为没必要把配种年龄控制在8月龄以上，机械地限制配种年龄只能造成饲料和母猪利用时间的浪费。据我们的经验，同一批次母猪，发情配种早的母猪往往是各项性能都比较理想的高产母猪。

（3）**饲养方式** 后备母猪过肥、生长过快往往会延迟发情时间，甚至体重达150千克仍未出现初情期。所以限制饲养已成为后备母猪饲养的一致方法，但在实际工作中又经常会出现过分限制，同样也会出现初情期推迟。

后备母猪的饲养要达到这样一个目的，7月龄时达到100千克体重并出现初次发情（大批饲养时应达到50%），可采用以下方式：①5月龄以前自由采食，体重达70千克左右。②5～6.5月龄限制饲养，饲喂含矿物质、维生素丰富的后备猪饲料（绝对不能再用育肥猪料），日给料2千克，日增重500克左右。③6.5～7.5月龄加大喂量，促进体重快速增长及发情。④7.5月龄以上，视体况及发情表现调整饲喂量，保持母猪八九成膘（图3-3）。

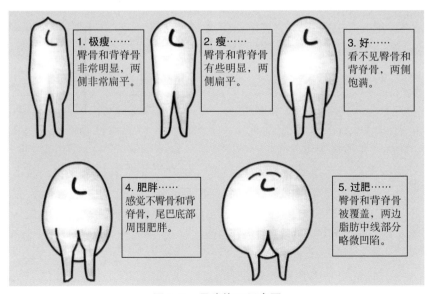

1. **极瘦······**
臀骨和背脊骨非常明显，两侧非常扁平。

2. **瘦······**
臀骨和背脊骨有些明显，两侧扁平。

3. **好······**
看不见臀骨和背脊骨，两侧饱满。

4. **肥胖······**
感觉不臀骨和背脊骨，尾巴底部周围肥胖。

5. **过肥······**
臀骨和背脊骨被覆盖，两边脂肪中线部分略微凹陷。

图3-3 母猪体况示意图

（4）**后备母猪的发情配种特点**　后备母猪发情时，外观明显，阴门红肿程度明显强于经产母猪；

后备母猪发情后排卵时间较经产母猪晚，一般要晚8～12小时，所以发情后不能马上配种，可以掌握在出现静立反射后的8～12小时配种，也就应了农谚："老配早，少配晚，不老不少配中间"的说法；

后备母猪发情持续时间长，有时可连续三四天，为确保配种效果，建议配种次数多于经产母猪，配种两次以后如仍接受配种，可继续配种。

（5）**促进后备母猪发情的措施**　生产中往往有后备母猪发情推迟的现象，有的甚至达12月龄仍未表现发情，这已成为各猪场苦恼的事情，综合各猪场经验和作者实践提出以下方案供参考。

1）增加光照　长期以来业界人士往往认为光照对猪的生产性能影响不大，他们忽视了后备猪的发情和光照有很大关系，规模猪场的大跨度猪舍及小的窗户面积使舍内光照度远远达不到刺激发情的作用，靠近南窗户的猪发情远高于见光少的其他位置的猪。解决这一问题，定期让猪进行舍外活动是刺激发情的一个可行的办法。

2）异性刺激　据专家研究在猪70千克以后每天接触公猪的母猪会很快发情，平均发情时间比不接触公猪的后备母猪提早1个月，接触公猪应为近距离的身体接触。现在许多猪场采用公猪从母猪栏边走廊走过的办法，并没能有效地刺激母猪发情，这种办法对发情猪反应明显，但对未发情猪并没有太多的刺激，特别是每天例行从边上走过，几天后绝大部分母猪都会失去兴趣。

3）运动　运动可以激活身体的各种器官也包括卵巢，许多有经验的饲养员对待不发情母猪采用倒圈、并圈、舍外驱赶运动等方式，都取得了不错的效果。

4）增加饲料中维生素E、维生素A和硒的含量　饲料中如缺乏上面几种成分，也会延缓母猪发情。在验证这几种成分是否缺乏的同时，及时添加维生素E、维生素A和硒会促进发情（因维生素E、维生素A在贮存过程中易被破坏，应注意饲料的贮存时间及方式）。饲喂含维生素A、维生素E丰富的青绿饲料、胡萝卜等同样有催情效果。

5）激素刺激　在采用上述几种方法不见效的情况下，激素催情也不失为一种有效的手段。

①G600或富道600：这两种药品都是含400国际单位的PMSG和200

国际单位的 HcG 的混合激素。据多个猪场反映使用后（1猪1头份）7天内发情率可达50%以上，配种受胎率85%以上。尽管药价稍高，但相对于要淘汰一头培养相当长时间的母猪来说，成绩是主要的。

②MSG 800 国际单位注后3天注射己烯雌酚1毫克。笔者在用该法时效果不错，全部发情配种，受胎率达50%以上。笔者曾单独将PMSG 800 国际单位应用于母猪，未见发情。同时，国产激素性能不稳定，如只试用一次或一头猪就下结论，往往不能真实反映激素的作用。最好在一次失败后，用不同批次的药物再进行第二次催情，以获得理想效果。其他激素使用效果笔者未试用，不便评价。

控制后备母猪发情配种是调整每周配种次数，保持均衡生产的有效措施，加强管理，科学饲养，以保证猪场生产的稳定。

（二）能繁母猪的饲养管理

1. 空怀期

（1）配种

1）配种方式　配种方式有单次配、重复配和多重配等。许多资料表明，重复配要优于单次配，双重配或多重配更优于重复配。

2）配种次数与间隔　由于母猪排卵持续时间长（约6小时左右），母猪外观发情表现与排卵并非完全一致，再加上配种一般有固定时间，所以每一次配种不一定都有很高的配种受胎率。在做到严格消毒的前提下，增加配种次数有利于增加卵子受精的机会。所以我们建议采用三次配种方式，如上午—下午—上午，上午—上午—下午，下午—上午—下午。如第一次配时稍早，则可间隔24小时；如配时已到发情盛期，则可间隔8～12小时。

在生产中，有经验的配种员可以根据自己的经验处理，以达到最佳配种效果为准。

（2）调整配种前体况　空怀母猪有肥有瘦，这些都会影响发情配种，通过加料或减料调整膘情，使猪达到最佳体况，为采用进一步的催情措施做好准备。空怀母猪中过瘦的母猪，多是受疾病影响，增加喂料量并不能很快使体况好转。可以采用两步走的方法，首先在加料的同时，在料中添加药物，消除病因；其次，对用药效果不好的母猪建议淘汰，以减少猪群中无效母猪的饲养量。

（3）**诱发母猪发情** 常规催情措施，如运动、倒圈、增加光照、公猪刺激等，可增加母猪发情的可能性。

另外以下催情措施可供选用：

1）营养催情 空怀母猪长期不发情往往和维生素不足有关，特别是高温季节的母猪不发情。因为该阶段母猪采食量少，饲料中维生素的破坏加剧，猪为应付高温的影响会增加对维生素的需求量，从而出现维生素特别是维生素A、维生素E的不足，使母猪发情不理想。处理措施是增加饲料中的维生素含量，如加大维生素比例、使用经过包被的维生素、加喂青绿饲料等。

2）药物催情 可参考后备母猪催情部分。

（4）**发情鉴定与配种时机的掌握** 引进品种已改变了本地品种的发情模式，拱圈、跳圈、不吃料的现象并不是发情的普遍现象，给发情诊断及配种时机的掌握带来相当大的难度，为此笔者总结了以下几点。

1）发情症状

①阴门变化：发情母猪阴门肿胀，过程可简化为水铃铛、红桃、紫桑葚。颜色变化为白粉变粉红，到深红到紫红色。状态由肿胀到微缩到皱缩（图3-4，图3-5）。

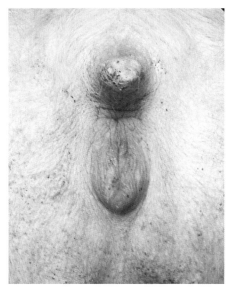 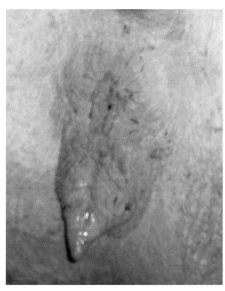

图3-4 母猪休情期阴门　　　　　图3-5 发情母猪阴门

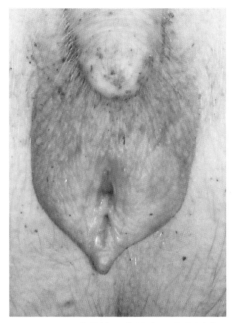

图3-6 母猪发情阴户扩张、流水样液

②阴门内液体：发情后，母猪阴门内常流出一些黏性液体，初期似水、清亮；盛期颜色加深为乳样浅白色，有一定黏度；后期为黏稠略带黄色（图3-6至图3-10）。

③外观：活动频繁，特别是其他猪睡觉时该猪仍站立或走动，不安定，喜欢接近人。对公猪反应强烈，发情母猪对公猪敏感，公猪路过或接近及公猪叫声、气味都会引起母猪的反应，母猪会出现下述情况：眼发呆，尾翘起、颤抖，头向前倾，颈伸直，耳竖起（直耳品种），推之不动，喜欢接近公猪；性欲高时

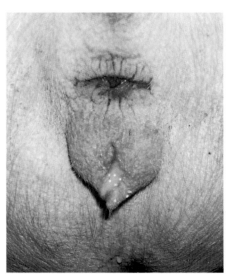

图3-7 母猪发情阴户色变淡、流少量白色黏液

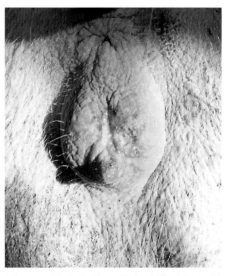

图3-8 母猪发情、阴户肿胀消退、皱缩、黏液变为乳白色黏着或糊状黏液

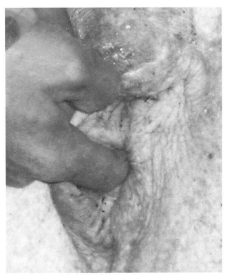 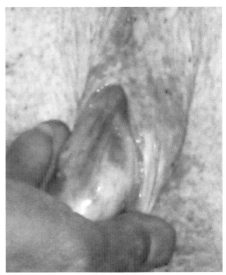

图3-9　母猪发情阴唇内温热、湿润　　图3-10　母猪发情阴户黏膜色白而干

（图3-4至图3-9引自徐有生《科学养猪与猪病防制原色图谱》）

会主动爬跨其他母猪或公猪，引起其他猪惊叫。

2）观察发情的三个最佳时机

①吃料时：这时母猪头向饲槽，尾向后，排列整齐。如人在后面边走边看，很快就可把所有猪查完，并做出准确判断。

②睡觉时：猪吃完料开始睡觉，这时不发情的猪很安定，躺卧姿势舒适，对人、猪反应迟钝。发情猪在有异常声音，人或猪走近时会站起活动，或干脆不睡经常活动。我们可以很方便地从中找出发情适中的猪。

③配种时：公猪会发出很多种求偶信号，如声音、气味等，待配母猪也会发出响应或拒绝信号，这时其他圈舍的发情母猪会出现敏感反应，甚至爬跨其他母猪，很容易区别于未发情猪。如果能把握好上述三个时机，一般能准确判断出母猪是否发情或发情程度。

3）配种时机的掌握　是否适宜配种可依据以下三条中的任一条。

①阴户变化：我国繁殖工作者总结了配种谚语："粉红早，黑紫迟，老红正当时"，是配种时机把握的依据。我们掌握的尺度为，颜色粉红、水肿时尚早，紫红色、皱缩特别明显时已过晚，最佳配种时机为深红色、

水肿稍消退，有稍微皱缩时。

②阴户黏液：打开母猪阴户，用手蘸取黏液，如无黏度为太早，如有黏度且为浅白色立即配种；如黏液变为黄白色、黏稠时，已过了最佳配种时机，这时多数母猪会拒绝配种。

③静立反射：静立反射表示母猪接受公猪的程度，按压母猪的几个敏感部位，母猪会出现静立不动现象（与接受配种时状态相同），在这个问题上，许多人会出现误解，认为在任何时候只要母猪发情适宜都会出现静立反射。其实，母猪的静立反射对于有无公猪在场或是否受到公猪挑逗情况是不一样的。单纯地不管有无公猪刺激，机械地以静立反射判定发情时期，往往会漏过部分适期母猪的配种。

综上所述，只要有任何一个征状出现就要用公猪去试，特别是隐性发情的母猪只能靠公猪接触试情，才能确定配种与否，在生产中要切实注意。

2. 妊娠期

（1）妊娠诊断　妊娠诊断是母猪繁殖管理上的一项重要内容。配种后，应尽早检出空怀母猪，及时补配，防止空怀。早期妊娠诊断方法有超声诊断法、激素反应观察法、尿液检查法等。超声诊断法：利用孕体对超声波的反射来探知胚胎的存在、胎动、胎儿心音和胎儿脉搏等情况进行妊娠诊断（图3-11）。激素反应观察法：利用母猪妊娠后功能性黄体分泌孕酮对抵消外源性PMSG和雌激素的生理反应，判定妊娠。

图3-11　现场妊娠诊断

实际应用较多的早期妊娠诊断还有公猪试情法、阴道检查法等。公猪试情法：配种后18～24天，用性欲旺盛的成年公猪试情，若母猪拒绝公猪接近，并在公猪两次试情后3～4天始终不发情，可初步确定为妊娠。阴道检查法：配种10天后，如阴道颜色苍白，并附有浓稠黏液，触之涩而不润，说明已经妊娠。也可观看外阴户，母猪配种后如阴户下联合处逐渐收缩紧闭，且明显地向上翘，说明已经妊娠。

（2）**妊娠管理**　妊娠母猪的饲养要达到三个指标，一是生产出体大、健壮、数量多的活仔猪；二是母猪乳腺发育正常，哺乳期产奶多；三是尽可能地节省饲料，降低初生仔猪生产成本。所以妊娠母猪饲养是既简单又复杂的一项工作，特别要注意做好妊娠几个关键时期的管理。

①配后3天：这是受精卵细胞开始高速分化的时期，要特别注意高能量饲料的供应会增加受精卵的死亡数。

②附植前后（12～21天）：这一时期如出现高营养、高温天气或者强烈应激因素，也会增加受精卵死亡。配后70～90天：乳腺细胞大量增生时期，该阶段高能饲料会影响乳腺细胞的发育。

③配后100天以上：100天以前，胎儿因营养不足造成的死亡很少；但在100天以后，如营养供应不足，则会造成胎儿生长不良，母猪产仔无力，出现大批死胎。这一阶段必须供给高能、高蛋白饲料，以促进仔猪的尽快发育。对一些瘦弱母猪可采取自由采食方式。

（3）**妊娠母猪的营养需要特点**　含有充足的亚油酸是提高仔猪初生重和生活力的重要因子，妊娠母猪料中应含有2.5%以上的亚油酸，而其他饲料中则要少得多。植物油是含亚油酸非富的原料，而植物油以豆油为最理想。

妊娠母猪料不需要过高的能量和蛋白质，包括妊娠后期。妊娠期间母猪的食欲和消化吸收能力非常强，胎儿增重主要集中在妊娠后期很短时间内，前中期过多增加营养只会导致母猪过肥，反而对胎儿不利，所以妊娠期间必须限制饲喂。

妊娠期间需要大量的粗纤维。这时的粗纤维不是起营养作用，而是起饱腹作用；如果粗纤维含量少，就会喂量过少，长时间的饥饿将导致母猪便秘，特别是妊娠后期便秘将影响到胎儿的发育，增加死胎、难产以及产后无乳症等。另外，大量的粗纤维还可以增加胃肠容积，增强母猪的消化能力，为产仔后提高采食量、增加泌乳量创造条件。

妊娠70天左右是乳腺开始的发育时期，这一时期如果供应高能量饲料过多，会出现脂肪颗粒填充乳腺现象，抑制乳腺泡的发育，影响产后泌乳性能，所以这一阶段不能饲喂过多饲料。

（4）**产前准备**

1）产房的准备

①清：将产房内不该有的东西全部清理出去，可以拆卸的设施也要

取下，以便于冲洗消毒。比如，仔猪垫板如不取出，板与网床之间的接触面有可能有脏物冲洗不掉。冲洗后的木板要放在5%碱水中浸泡2小时以上，将所有的病原杀死。

②熏：消毒后的猪舍需再用甲醛或百毒杀对猪舍熏蒸，因不论喷雾还是火焰都不会将舍内缝隙中病原杀死，而熏蒸时产生的蒸气可以弥补这个缺陷。熏蒸时要注意舍内要有足够大的湿度和温度，而且要封闭严实，否则效果会大打折扣。

③空：空舍的目的有两个，一是使一些没有被杀死的细菌病毒处于没食没水的环境中，进一步减少病原的数量；二是将舍内冲洗消毒所产生的水汽排出，达到产房所需的干燥环境条件，有利于产后母仔健康。

2）饲料的准备　母猪在进入产房后需要将妊娠料换成哺乳母猪料，且许多猪场为防止产后感染，在饲料中加入抗生素，这些工作都需要在母猪上床前准备好。

3）上床前母猪的检查　需要检查的项目有初产母猪猪瘟抗体，确切的配种产仔记录，母猪的发病记录等。

4）上床前母猪的冲洗消毒　将母猪从妊娠舍转入产仔舍时要对母猪进行彻底的冲洗，上床后再对母猪和产床进行一次喷雾消毒，这样通过母猪带病的可能性就小了许多。注意：冲洗的水温必须结合冲洗地点的气温，如因冲洗造成母猪感冒就得不偿失了。

5）上床后的例行检查　上床后每天定期检查母猪状况，查粪便、查乳房、查采食，发现问题对症治疗，这样可大大减少所产仔猪发生腹泻。

3. 分娩哺乳期

（1）产前三天的工作

1）母猪临产征状　母猪临产征状多根据母猪活动状态和乳汁的排放判定，母猪临产时多起卧不安，如发现母猪时起时卧，就要重点注意。母猪前面的乳头能挤出乳汁，约在24小时产仔；中间乳头能挤出乳汁，约在12小时产仔；最后一对乳头能挤出乳汁时，约在4小时左右产仔。

2）精细管理　最后一对乳头能挤出喷射状奶水时，就不能离人了，要始终有人护理。

吃奶前先挤去部分奶水，因乳头长期和外部接触，有可能被感染。这一工作可在用消毒药水擦洗乳头时进行。

（2）正常接产程序

接产次序是很重要的，一般的次序为：掏出口鼻黏液→擦干身上黏液→剪牙→断脐并消毒→断尾并消毒→灌服防泻药物→称体重→作记号或打耳号→放入保温箱→擦洗母猪乳房→吃初乳（固定奶头）。见图3-12至图3-15。

（3）管理重点

①首先用毛巾或抹布将胎儿口鼻黏液擦去，以防仔猪吸气时将黏液吸入气管或肺部。

②将仔猪身上黏液擦干。如果让仔猪靠体温将身上水分蒸发，

图3-12　称初生重

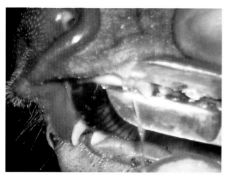

图3-13　剪针状牙

图3-14　断　尾

（图3-12至图3-14引自徐有生《科学养猪与猪病防制原色图谱》）

需要消耗大量能量，这对于体内能量贮备有限的初生仔猪来说是很不利的，许多无人护理的仔猪冻死、低血糖和这也有关系。

③剪牙：注意剪牙时不能太靠根部，否则易将齿龈剪破，进而引起感染，哺乳仔猪渗出性皮炎和链球菌病和破损感染有关。

④断脐：先将脐带内的血液向仔猪腹部方向挤压，然后在靠近脐带根部4～5厘米处把脐带用手搓断，断端处用碘酒消毒。这里掐断、

图3-15　吃初乳（引自徐有生《科学养猪与猪病防制原色图谱》）

擦断、剪断是有区别的，掐断和剪断一般需要用绳结扎，而擦断不用。

难产处理：多采用注射催产素和掏猪两种方法。如在尚未出现难产时就注射催产素或掏猪，往往会造成对母猪不利的结果，是不可取的。难产时是采用催产素还是人工掏猪可根据具体情况而定，一般年龄大、体格瘦弱的母猪在产后期出现努责无力，可采用注射催产素的方法；而长时间努责却产不出猪则可能是胎儿过大、两仔猪挤在一起或胎位不正，应采取人工掏猪的方法。人工掏猪对母猪十分不利，很容易造成产道感染，必须做好手臂及用具消毒。那么，是否需要进行人工助产呢？如果母猪很平静，且没有努责，可以静等；如果母猪努责很厉害，且长时间产不出猪，母猪呼吸急促，则要考虑掏猪。

4. 围产期　母猪产仔是其一生中最大的应激，能量大量消耗，抗病力下降，肠胃蠕动迟缓，却要负担恢复体力与产奶的双重任务，人们把精力都集中在仔猪护理上，很少考虑大猪的情况。为此笔者提出如下产期母猪护理措施，供参考。

（1）饲料供应　①供给高能高蛋白饲料。人们考虑到产后母猪消化机能下降，往往少喂或不喂饲料，这样只能使其更加虚弱，不利于身体恢复和以后的产奶。针对这一情况，我们可以在哺乳料中加入10%葡萄糖、5%优质鱼粉和抗菌药物，以补充母猪产仔过程中营养的大量消耗，预防产后感染。②少量多次饲喂，减轻消化道负担，必要时可把不乐意站立的母猪哄起，让其采食。③有条件的猪场如能给母猪提供一些米汤或稀饭，对母猪产后有利。

（2）环境控制　母猪哺乳期最适温度为20～22℃，而生产中为保证仔猪温度，往往提高舍内温度，高温的结果是降低了母猪的采食量，产奶量减少，部分母猪出现喘气急促现象，还会使仔猪不愿回保温箱、发生腹泻等。控制好温度是能否养好母猪和仔猪的关键措施。

二、仔猪的护理保育

（一）哺乳前期护理

规模猪场哺乳仔猪的管理不单纯是一个成活率的问题，而且要保证断奶整齐度。体格差异过大将给以后的仔猪培育、育肥等带来不便，影响猪群的正常周转及均衡生产。为此，提供个体均匀、断奶体重大、生活力强的仔猪是哺乳期仔猪饲养的主要目标。

1. **及早吃上初乳**　仔猪生后体内贮备能量有限，如在短期内不能补充，就会出现低血糖现象；同时，初乳中含有免疫球蛋白，可以抵抗各种病原的侵袭。所以建议仔猪生后尽快吃上初乳，不必等产完再让其吃奶。为防止饲养员记不清可用饲养员记号笔将吃过初乳的仔猪做上记号，如有可能记住其吃了哪个奶头的奶水更好。

初乳的特点：母猪不同于其他动物，母猪不能通过血液将抗体传给胎儿，必须通过奶水传递。如果仔猪生后吃不到足够的初乳，抗病能力很低，一般不易成活。我们曾试用牛奶或奶粉喂仔猪，前三天吃足初乳的小猪多能成活；而如果前三天吃不到或吃初乳不足，大多数死亡或成为僵猪。所以不论寄养还是并窝，必须保证每个小猪都能吃到三天初乳。

2. **固定奶头**　这一方法许多人都很赞成，但却做不到，主要是太过繁琐、工作量大、时间长。小猪一天一夜吃奶20多次，需昼夜值班才能固定好奶头。没有专业接产值班人员的猪场，很难办到。下面的方法可以试一试：①定时放仔猪哺乳。平时把仔猪捉进保温箱中，定时放出哺乳。②用一档板将强弱仔猪分开。让弱仔猪比健壮仔猪多吃几次奶。③帮助弱仔猪吃上奶水多的奶头。④用记号笔记住每个仔猪的吃奶位置。

这样做尽管工作繁琐，但每窝小猪只需2天时间就可固定奶头（图3-16）。

3. **哺乳仔猪温度控制**　初生仔猪皮肤薄，体内贮存的能量物质有限。据资料介绍，初生仔猪体内糖贮备只能供生后18小时用，而且是在温度正常的情况下，如温度降低，时间更短。

仔猪生后体温调节能力差，必须为其提供适宜的环境温度。仔猪的环境温度到底控制到多少好呢？有的猪场制定出一个明确的标准，如产后

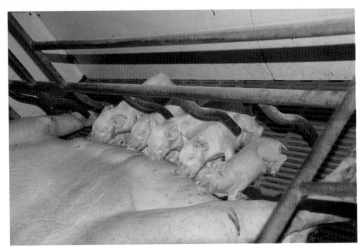

图3-16　固定奶头

前3天32～35℃，4～10天30～32℃，10～20天28～30℃，20～28天24～28℃。这样从理论上是合理的，但实际上很少有人能做到这一点，而且由于现在仔猪保温有不同形式，有电热板的、有红外线灯的、有红外板的、也有用白炽灯的，箱内不同区域的温度也不同，不同高度的温度更有很大差别，所以单纯地根据温度表判断温度，不一定能保证仔猪达到舒适。

由于我们不可能每天去测仔猪躺卧区温度，只有通过仔猪躺卧时的状态确定其温度是否适宜。①温度适宜，仔猪就会均匀平躺在保温箱中，睡姿舒适；②温度偏高，仔猪会四散分开，将头朝向有缝隙可吹入新鲜空气的边沿或箱口；③温度低，仔猪会挤堆、压垛。温度太高时，部分小猪会躲在箱外，时间长则会受冷腹泻。

在产床上设保温箱和箱内铺垫板或垫料是保持小猪小环境温度的有效办法，有的猪场在仔猪初生后1周给小猪铺地毯，效果非常好，而且成本不高。有人把小猪躺卧区铺板很快撤去是错误的。因为尽管上面有烤灯，温度适宜，但其下方由地面传来的空气却是冷的，时间长易造成仔猪腹泻。

4. 开食补饲　仔猪生后生长过快，易使部分营养成分缺乏，如铁、硒、葡萄糖等。

补铁硒多采用肌内注射方法，可在产后3天内注射铁硒合剂或在15

日龄再补一次。

补料是养好哺乳仔猪的一个关键措施，既可使仔猪补充营养，更重要的是可以锻炼仔猪的消化功能，为顺利断奶打好基础。以下是我们认为比较实用的几种方法，供参考。

（1）**填鸭法**　在仔猪达7日龄时，由饲养员将仔猪捉出，强制向仔猪嘴里填料，每天3～4次，连续3天，直到仔猪对补料感兴趣为止。这样仔猪一旦对补料味道熟悉了，就会产生条件反射，闻到补料的味道就会走过去，这样训练就成功了。

（2）**日久生情法**　在仔猪出入保温箱的必经之路上放个浅盘（不能高于5厘米），仔猪每次经过时会受到补料气味的刺激，逐渐引起兴趣，时间稍长会出现采食举动（图3-17）。

图3-17　日久生情法

（3）**诱导法**　在补料盘上放一些鹅卵石或圆球，上面附一些糊状料或粉料，仔猪在滚动石块或圆球时，无意中将盘中料吃到嘴里；另一方法是在盘的上方吊一带颜色的塑料瓶，小猪路过时会碰头，这样也能引起小猪的兴趣，起到引诱仔猪吃料的目的。

补料槽位置的影响：补料槽决不能放在仔猪走不到的地方，即仔猪很少去的地方。仔猪没有太多的好奇心，这是许多猪场犯的一个错误。

注意：如果仔猪补料达不到要求，吃料过少或不吃，就要考虑补料方法、料槽地点、补料口味、产房是否过冷等因素的影响。一些猪场采取强制补料的办法，也有不错的效果。

（二）断奶仔猪的饲养管理

仔猪断奶时间应根据场内饲养条件、技术水平及仔猪生长发育状况确定。一般猪场仔猪60日龄断奶，条件较好的猪场45日龄、甚至35日龄断奶（图3-18）。

图3-18　断奶仔猪

1. 仔猪断奶方法

（1）**一次断奶法**　即按照预定的断奶时间，全窝仔猪在同一天一次断奶。

（2）**逐渐断奶法**　即在临近断奶前的3～5天，逐日减少哺乳次数至预定日期进行断奶。或者把发育好、体质强壮、采食量大的仔猪先断奶，弱小的仔猪后断奶。

2. 管理要点
仔猪刚刚断奶时，往往因生活环境的意外变化，大多数在1～2周内表现食欲不振，生长缓慢，甚至掉膘、消瘦。为了消除和减轻这种现象，对断奶仔猪应采取"三不变"的饲养管理制度，即环境、

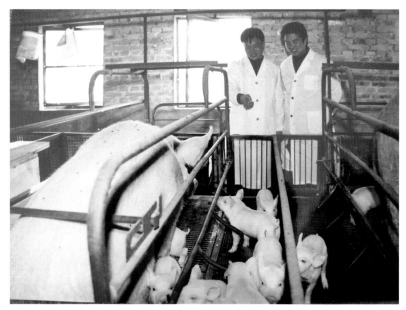

图3-19　猪舍检查

饲料、管理三不变。

（1）**环境不变**　即仔猪断奶后，采取赶母留仔的方法，使仔猪仍留在原圈饲养。

（2）**饲料不变**　即仔猪断奶后10 ~ 15天继续饲喂哺乳仔猪料，以后逐渐改喂断奶仔猪料。

（3）**管理方式不变**　管理工作仍和哺乳仔猪一样，从严从细精心管理（图3-19）。

三、种公猪的饲养管理

饲养种公猪的基本要求是使种公猪体质结实，精力充沛，性欲旺盛，配种能力强，精液品质好。俗话说"母猪好、好一窝，公猪好、好一坡"，说明种公猪质量的好坏对整个猪群影响很大。猪是多胎动物，繁殖头数多、周期短。在一般情况下，采用本交方式，1头种公猪1年可担负80 ~ 100头母猪的配种任务，繁殖仔猪800 ~ 1 000头。如果实行人工授精，1头种公猪1年可繁殖仔猪2 500 ~ 3 000头。

（一）营养水平

种公猪一次射精量平均250毫升左右，多的达到900毫升。精液中除水分外，主要是蛋白质、脂肪等。另外，种公猪每次交配时间平均10分钟左右，体力消耗大。为了使种公猪经常保持良好的种用体况，体质结实，精力充沛，性欲旺盛，精液品质好，受胎率高，就必须确保合理的营养水平。若营养水平过高，公猪体内会沉积过多的脂肪，变得肥胖、懒惰，公猪性欲和精液品质下降；营养水平过低，公猪身体消瘦，精液量减少，精子浓度下降影响受胎率。

种公猪日粮营养水平标准：①休闲期（非配种期），每千克混合饲料含消化能11.3～11.72兆焦、粗蛋白质12%～14%为宜；②配种期，每千克混合饲料含消化能11.72～12.55兆焦、粗蛋白质16%～18%为宜。常年配种的公猪，要经常保持较高的营养水平。季节性配种，在配种前1个月要适当提高营养水平。增加蛋白质饲料的供给，特别是动物性蛋白质饲料，对提高精液品质有良好效果。俗话说，早加加在腿上，晚加加在嘴上。蛋白质饲料供给不足会影响配种效果。

矿物质（主要是钙、磷、食盐）对公猪精液品质有很大影响。公猪缺钙、磷或钙磷比例不合理，性腺会发生病理变化，精液中出现发育不全、活力不强的精子。种公猪日粮中钙磷含量分别为0.7%和0.6%，钙磷比例1.2：1～1.5：1，食盐含量0.3%～0.5%，比较适宜。

维生素A、维生素D、维生素E是公猪不可缺少的营养物质。维生素A缺乏时，会使公猪性欲降低，精液品质下降，若长期缺乏，会使睾丸发生肿胀或干枯萎缩，丧失配种能力。维生素D缺乏时，会影响机体对日粮中钙磷的吸收利用，间接影响精液品质。维生素E缺乏时，睾丸发育不良，产生衰弱或畸形精子，授精力降低。

青绿多汁饲料含有丰富的维生素，在饲养过程中要不断供给，有条件时可常年饲喂，每头公猪每天饲喂青饲料1.5～2.0千克。青饲料缺乏时，在日粮中添加猪用多种维生素，添加量一般占日粮比例的0.01%～0.02%。

种公猪每天饲喂2～3次，喂量不宜过饱，以七八成饱为宜。料型宜采取干粉料或湿拌料（料水比例1：1左右），另供清洁饮水，日粮容积不宜过大，以免造成公猪腹大下垂，影响配种。

在营养水平和日喂量的安排上，要根据不同品种、年龄、体况、配种情况灵活掌握，及时调整。

（二）饲养管理

种公猪要单圈饲养，围墙要高而坚固。公猪舍应建在安静、远离母猪舍的地方，以减少外界干扰和母猪的性刺激，避免发生自淫现象。

经常保持栏圈清洁卫生、干燥、光照充足，夏季防暑、冬季防寒保暖。要加强公猪运动，一般每天上下午各运动一次，每次一小时约2 000米，夏季宜早晚运动，冬季中午运动，运动后不要立即饲喂和洗浴。在配种旺季，运动量要适当减少（图3-20）。

图3-20　种公猪运动

保持猪体清洁卫生，夏季可让公猪每天在浅水池内洗澡1～2次或淋浴。其他季节每天可进行1～2次刷洗。这样既可保持猪体清洁，加强血液循环，促进新陈代谢，又可减少体外寄生虫病和皮肤病的发生。有的公猪蹄壳过长或发生蹄垫，要注意经常削蹄、割垫，发生蹄裂及时治疗，以免影响配种，缩短利用年限。

公猪要定期称重和进行精液品质检查，根据体况及精液品质的好坏，调整营养、运动及配种次数，从而保持公猪良好的种用体况和优良的精液品质。

（三）配种利用

配种是饲养种公猪的最终目的。公猪精液品质好坏，利用年限长短，不仅与营养水平、饲养管理关系密切，而且在很大程度上取决于是否正确地配种利用。

我国地方猪种性成熟较早，引进国外猪种以及国内新培育猪种性成熟较晚，达到性成熟的小公猪，并不意味着就可以配种利用。若配种过早，不仅影响公猪本身的生长发育，缩短利用年限，降低受胎率，即便母猪受胎但产仔头数少，仔猪初生体重小而弱、生长发育缓慢。配种过晚，不仅增加饲养成本，而且会使公猪骚动不安，容易发生自淫现象。因此要达到适宜的年龄和体重时才开始初配，过早过晚都不好。

（1）配种次数 不满2岁的年轻公猪每周配种3～4次，连配2～3天休息一天；2岁以上的壮年公猪每周配种6～7次休息1天。若1天配种2次，应早晚各1次，2次间隔时间不少于6小时。

（2）配种时间 应安排在早上或下午进行。夏季避开炎热的正午，冬季避开寒冷的早晨。同时注意，不要在饲喂后立即配种或配种后立即饲喂，配种后不要立即饮凉水或用凉水洗澡，以免公猪受凉发病。

第四章　人工授精技术

授精三要诀：熟练、周到、人性化
人工授精优点多，规范操作需谨慎。
公猪调教多诱导，人畜亲和不打骂。
用具清洗和消毒，前期工作准备好。
精液采集防污染，品质检查少不了。
稀释分装保存好，运输防震和避光。
用前精子查活率，输精需在静立后。
二次输精保受孕，老配早来小配晚。

一、猪的人工授精

1. **猪人工授精的优点**　猪人工授精技术是以种猪的培育和商品猪的生产为目的而采用的最简单有效的方法，是进行科学养猪、实现养猪生产现代化的重要手段。它有如下优点：

提高优良公猪的利用率，促进品种改良和提高商品猪质量及其整齐度；克服体格大小的差别，充分利用杂种优势；减少疾病的传播；克服时间和区域的差异，适时配种；节省人力、物力、财力，提高经济效益。

2. **猪人工授精的缺点**　猪精子对低温耐受力差，因此精液冷冻保存效果较差，且成本高。一般只采用常温保存，保存时间为3～7天。人工授精必须有相应的设备条件、实验室及耗材，且人工授精人员必须进行一定的培训。人工授精操作必须谨慎，操作不当可能影响受胎率和产仔数甚至会造成母猪不育。

3. **猪人工授精与本交的比较**　见表4-1。

表4-1　猪人工授精与本交的比较

项　目	本交（自然交配）	人工授精
公猪配种能力	头均负担25～30头母猪配种，年产后代500～600头	头均负担500～600头母猪配种，年产后代1万～1.2万头
防止传染病能力	公母猪接触，易传播疾病	公母猪不接触，不易传播疾病
配种频率	配种频率容易过高，公猪利用年限短	采精频率与其生精能力相匹配，公猪利用年限长
配种受胎率	不能经常检查精液质量，受胎率不可靠，平均受胎率低	用于输精的每份精液符合要求才可输精，受胎率高
期望受胎率	85%左右	大于92%
产仔数	一般	精液可靠，产仔数略高于本交
配种容易程度	公母猪体重悬殊时，配种困难。公母猪圈舍距离不能太远	容易，不受体重影响，公母猪圈舍距离不受限制

二、猪人工授精的基本流程

猪人工授精基本流程见图4-1。

稀释液配制

采　精

精液品质检查

精液稀释与分装

妊娠诊断

输精

发情鉴定

精液保存

图4-1　猪人工授精基本流程

三、猪人工授精的实验室设备

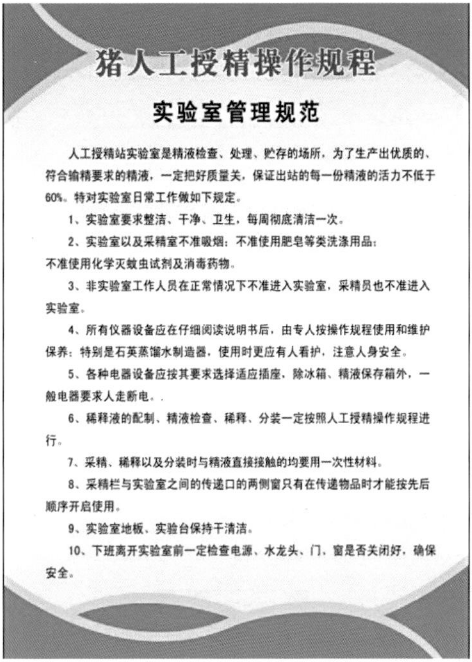

人工授精实验室是进行稀释液配制、采精用品准备、精液品质检查、精液稀释与保存、输精前准备等工作的场所。人工授精实验室工作人员必须经过培训，并严格按照操作规程操作，保证从实验室送出的每一袋精液都符合输精要求（图4-2）。人工授精实验室可分为实验人员更衣区、接受精液区、质量控制区、精液处理区、精液分装区、精液贮存及发货区、器械预热消毒区和器械清洗区。实验室门窗应严密，防止灰尘进入。

1. **仪器** 显微镜、精子密度测定仪、电子天平、恒温水浴锅、恒温精液保存箱、pH计（试纸）、精子计数器、移液器等。

猪人工授精操作规程
实验室管理规范

人工授精站实验室是精液检查、处理、贮存的场所，为了生产出优质的、符合输精要求的精液，一定把好质量关，保证出站的每一份精液的活力不低于60%。特对实验室日常工作做如下规定。

1、实验室要求整洁、干净、卫生，每周彻底清洁一次。
2、实验室以及采精室不准吸烟；不准使用肥皂等类洗涤用品；不准使用化学灭蚊虫试剂和消毒药物。
3、非实验室工作人员在正常情况下不准进入实验室，采精员也不准进入实验室。
4、所有仪器设备应在仔细阅读说明书后，由专人按操作规程使用和维护保养；特别是石英蒸馏水制造器，使用时更应有人看护，注意人身安全。
5、各种电器设备应按其要求选择适应插座，除冰箱、精液保存箱外，一般电器需要人走断电。
6、稀释液的配制、精液检查、稀释、分装一定按照人工授精操作规程进行。
7、采精、稀释以及分装时与精液直接接触的均要用一次性材料。
8、采精栏与实验室之间的传递口的两侧窗只有在传递物品时才能按先后顺序开启使用。
9、实验室地板、实验台保持干清洁。
10、下班离开实验室前一定检查电源、水龙头、门、窗是否关闭好，确保安全。

图4-2 猪人工授精实验室管理规范

2. **器皿** 温度计、量筒、烧杯、保温瓶、采精杯、玻璃棒等。

3. **消耗品** 纱布、输精瓶、输精管、乳胶手套、采精袋、精液稀释粉等。见图4-3至图4-14。

图4-3 显微镜

图4-4 精子计数器

图4-5 电子秤

图4-6　保温箱

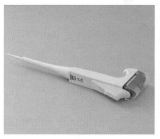

图4-7　微量移液器

图4-8　采精杯

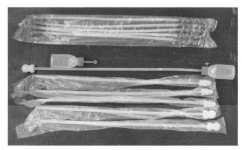

图4-9　输精枪

图4-10　滴管及一次性手套

图4-11　带恒温台的双目显微镜

图4-12　输精瓶

图4-13　猪用精液稀释粉

图4-14　某人工授精实验室一角

四、采精前的准备工作

（一）精液采集前实验室的准备工作

1. **集精杯的准备**　用保温杯作集精杯时，不能直接将精液采入杯中。应将两层食品袋装入保温杯内，并用洁净的玻璃棒使其贴靠在保温杯壁上，袋口翻向保温杯外，上盖一层专用过滤网，用橡皮筋固定，并使过滤网中部下陷3厘米，以避免公猪射精过快或精液过滤较慢导致精液外溢（图4-15）。准备好的集精杯放入恒温箱在37℃温度下备用。

图4-15　准备好的集精杯

2. **精液品质检查用品准备**

（1）**显微镜**　调试显微镜，把显微镜加热板放在显微镜载物台上，用标本夹固定好，打开电热板控制器电源开关，把设定温度调到38℃再调到测温状态，准备两张洁净的载玻片和两张洁净的盖玻片放在加热板上预温。显微镜用以检测精子活力（活率）、畸形率和死精率。

（2）**恒温载物台**　将温度设定在37℃，利于检查精子活力。

（3）**精子计数器**　预热15分钟检测精子密度。

（4）**恒温水浴锅**　温度设定在37℃以加热稀释液使之与原精液等温。

（5）**17℃恒温冰箱**　插上单独的电源，用于储存配制好的精液。

（6）**预热箱或培养箱**　温度设置在37℃，用于预热采精杯及与精子接触的器皿和物品。

（7）**双蒸水机**　生产配制稀释液的双重蒸馏水，一定要在单蒸出足够的水后再接通第二重蒸馏烧瓶电源。

（8）**普通冰箱**　应4℃保存稀释粉、稀释液。

（9）**电子台秤**　预热15分钟备用，用以称量精液容积，1毫升即为1克。

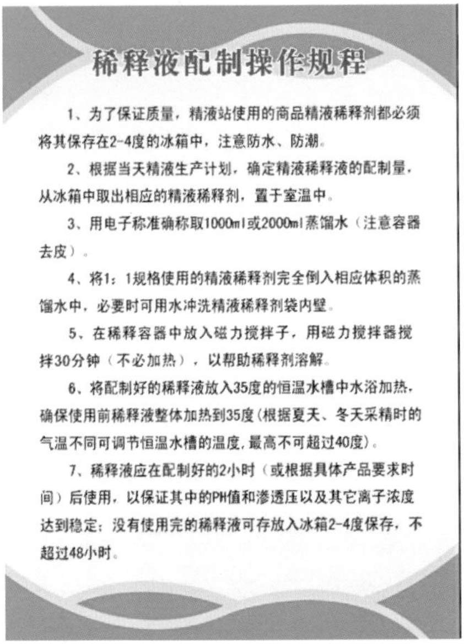

稀释液配制操作规程

1、为了保证质量，精液站使用的商品精液稀释剂都必须将其保存在2-4度的冰箱中，注意防水、防潮。

2、根据当天精液生产计划，确定精液稀释液的配制量，从冰箱中取出相应的精液稀释剂，置于室温中。

3、用电子称准确称取1000ml或2000ml蒸馏水（注意容器去皮）。

4、将1:1规格使用的精液稀释剂全部倒入相应体积的蒸馏水中，必要时可用水冲洗精液稀释剂袋内壁。

5、在稀释容器中放入磁力搅拌子，用磁力搅拌器搅拌30分钟（不必加热），以帮助稀释剂溶解。

6、将配制好的稀释液放入35度的恒温水槽中水浴加热，确保使用前稀释液整体加热到35度（根据夏天、冬天采精时的气温不同可调节恒温水槽的温度，最高不可超过40度）

7、稀释液应在配制的2小时后（或根据具体产品要求时间）后使用，以保证其中的PH值和渗透压以及其它离子浓度达到稳定；没有使用完的稀释液可存放入冰箱2-4度保存，不超过48小时。

图4-16 精液稀释液配制规程图

3. 稀释液的配制 用于人工授精的猪精液应尽快进行稀释。精液稀释一方面可增加精液容量，确保每头母猪输精的总精液量；另一方面，有利于精子的体外存活和受精能力的保持。稀释液的配制规程见图4-16至图4-18。

（二）采精室及假母猪台

采精室是采集公猪精液的场所，其设计要以适宜公猪射精为目的，并尽可能减少外界因素对精液造成的不良影响。采精室最适宜的温度为15～25℃，最低不宜低于10℃。采精室应保持整洁，地面为略有坡

图4-17 稀释液的配制

图4-18 将稀释液置于37℃恒温箱

度、较为粗糙的水泥面，便于冲刷又能防滑。采精室应配备水槽、防滑垫、水管、扫把、刷等用品，用来清扫冲刷地面（图4-19）。

1. 采精区与安全区 在采精室外门口向内80～100厘米处设安全栏，将直径12厘米的钢管埋入地下，使其高出地面75厘米，净间距28厘米，并安装栅栏门，形成内部的采精区和外部的安全区。栅栏门打开时，使采精室与外门形成通道，让公猪直接进入采精区，而不会进入安全区。

2. 假母猪台 假母猪是供公猪爬跨采精的器械，在设计上应尽可能

考虑公猪爬跨时的舒适性。假母猪的台面可用钢材、木材或塑料制成，一般用钢材作支撑使其与地面保持适当距离。假母猪的表面最好不要覆盖物品，因为覆盖物容易藏物纳垢，在采精时会污染集精杯。为适应采集不同体格公猪的精液，假母猪台的高度应方便调节（图4-20）。

图4-19 采精室

3. 传递窗 精液传递窗口位于实验室和采精室之间，宽50厘米、高40厘米，墙两侧设铝合金玻璃窗。传递窗只有在传递物品时才能按先后顺序开启使用。采精室和实验室均有各自单独的门，只有精液传递窗口相连（图4-21）。

图4-20 采精用假母猪台和防滑垫

图4-21 实验室和采精室之间的传递窗

采精室平面示意图见图4-22。

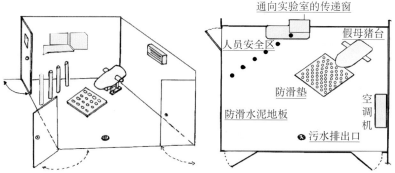

图4-22 采精室平面示意图

[引自：亚卫畜牧新技术（广州）有限公司猪人工授精操作手册]

（三）采精室的准备

采精前应清洁采精室以确保采精时空气中无悬浮的灰尘，检查假母猪台及防滑垫，调节室温至5～25℃。

采精员应穿上工作服，先用清水将双手清洗干净，之后用37℃的盐水冲净。将公猪赶入采精室，清扫公猪两侧肋腹部及下腹部后，右手尽快戴上双层无毒的一次性手套（最好是聚乙烯制品），带上纸巾、集精杯准备采精。

（四）采精的方法

采精一般有两种方法，即假阴道采精法和徒手采精法（常用）。徒手采精法是根据自然交配的原理而总结的一种简单、方便、可行的方法。这种方法的优点是可将公猪射精的前部分和中间较稀的精清部分弃掉，根据需要取得精液。缺点是公猪的阴茎刚伸出和抽动时，容易碰到母猪台而损伤龟头或擦伤阴茎表皮，清洁不及时的话容易污染精液。

徒手采精法的采精过程：采精员一手采精，另一手持集精杯收集精液。首先用0.1%高锰酸钾溶液清洗公猪腹部和包皮，并用温水冲清洗干净，避免残留药液对精子的伤害；挤出包皮内的积尿，按摩包皮，刺激公猪爬跨假母猪台；待公猪爬跨假母猪台并伸出阴茎时，脱去外层手套，采精员一手（大拇指与龟头相反方向）握住伸出的阴茎螺旋状龟头，顺其前冲力将阴茎的S状弯曲拉直，握紧阴茎龟头防止其旋转。公猪最初射出的少量（5毫升左右）精液不接取，当奶油状白色的精液开始流出来时，另一手用集精杯收集精液，直到公猪射精完毕。一般公猪射精过程历时5～7分钟。

五、精液的采集、保存与运输

1. 精液的采集

（1）将预热好的集精杯放到采精室采精区域内一个安全并易于取用的地方。

（2）将公猪赶到采精区内并诱导其爬跨假母猪台。

（3）清洗猪体，挤出包皮内的积尿（图4-23）。

（4）采精时，采精员站于采精台的右（左）后侧，与公猪同方向。

图4-23 清洗猪体

当公猪爬跨假母猪台时采精员应随即蹲下，待公猪阴茎伸出时，用手握紧其阴茎龟头，注意要露出螺旋部分，压力不宜太大，以控制其龟头不能转动或回缩为限，并带有松紧节奏，以刺激公猪射精。当公猪充分兴奋，龟头频频弹动时，表示将要射精。公猪开始射精时多为精清，不宜收集，待射出较浓稠的乳白色精液时，应立即以右（左）手持集精杯，放在稍离开阴茎龟头处，将射出的精液收集于集精杯内。集精杯位置应高于包皮部，防止包皮部液体流入集精杯内，见图4-24、图4-25。当公猪射完第一次精后，刺激公猪射第二次，继续接收。射完精后，待公猪退下假母猪台时，采精员应顺势用左（右）手将阴茎送入包皮中。若公猪不愿下假母猪台时不得粗暴推下或抽打公猪，应耐心等待。

（5）采精完成后，先将集精杯上的过滤纱布去掉，然后用盖子盖

图4-24 舍弃最初的精液

图4-25 精液收集

住集精杯，标明公猪编号，迅速通过传递窗送往人工授精实验室，在15 ~ 20℃温度下对精液品质进行检查。将公猪赶回原栏，填写公猪采精登记表。

（6）固定采精频率：青年公猪每周采精1 ~ 2次，成年公猪每周采精3 ~ 4次。

2. 精液品质检查 采下的精液，首先要进行过滤，除去精液中不可用的蛋白质凝块等物质，再进行颜色、气味、精子活力、密度、射精量、顶体完整率、畸形率及抗温测定，各项指标都达到要求，鲜精活力在0.6以上（图4-26）。检测完毕，填写公猪精液品质检查登记表。精液品质检查操作规程见图4-27。

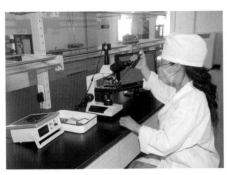

图4–26 精子活力检查

3. 精液的稀释 稀释精液时，凡与精液直接触的器材和容器，都需经过消毒处理，并使其温度与精液温度保持一致。使用前可用同温稀释液冲洗。精液稀释操作规程见图4-28。

把空塑料杯或大烧杯放在电子秤上，除去皮重，然后将原精液从集

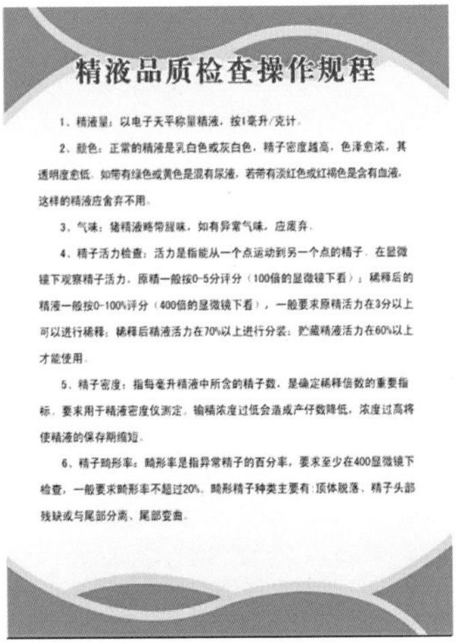

精液品质检查操作规程

1、精液量：以电子天平称量精液，按1毫升/克计。

2、颜色：正常的精液是乳白色或灰白色，精子密度越高，色泽愈浓，其透明度愈低。如带有绿色或黄色是混有尿液，若带有淡红色或红褐色是含有血液，这样的精液应舍弃不用。

3、气味：猪精液略带腥味，如有异常气味，应废弃。

4、精子活力检查：活力是指能从一个点运动到另一个点的精子。在显微镜下观察精子活力，原精一般按0-5分评分（100倍的显微镜下看）；稀释后的精液一般按0-100%评分（400倍的显微镜下看），一般要求原精活力在3分以上可以进行稀释；稀释后精液活力在70%以上进行分装；贮藏精液活力在60%以上才能使用。

5、精子密度：指每毫升精液中所含的精子数，是确定稀释倍数的重要指标，要求用于精液密度仪测定。输精浓度过低会造成产仔数降低，浓度过高将使精液的保存期缩短。

6、精子畸形率：畸形率是指异常精子的百分率，要求至少在400显微镜下检查，一般要求畸形率不超过20%。畸形精子种类主要有：顶体脱落、精子头部残缺或与尾部分离、尾部变曲。

图4–27 精液品质检查操作规程

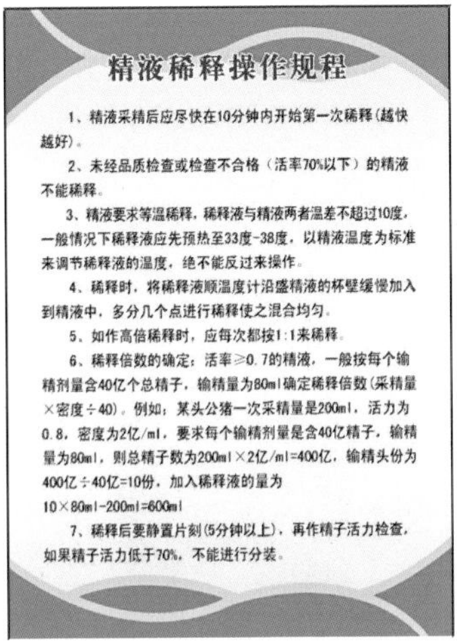

精液稀释操作规程

1、精液采精后应尽快在10分钟内开始第一次稀释（越快越好）。

2、未经品质检查或检查不合格（活率70%以下）的精液不能稀释。

3、精液要求等温稀释，稀释液与精液两者温差不超过10度，一般情况下稀释液应先预热至33度-38度，以精液温度为标准来调节稀释液的温度，绝不能反过来操作。

4、稀释时，将稀释液顺温度计沿盛精液的杯壁缓慢加入到精液中，多分几个点进行稀释使之混合均匀。

5、如作高倍稀释时，应每次都按1:1来稀释。

6、稀释倍数的确定：活率≥0.7的精液，一般按每个输精剂量含40亿个总精子，输精量为80ml确定稀释倍数（采精量×密度÷40）。例如：某头公猪一次采精量是200ml，活力为0.8，密度为2亿/ml，要求每个输精剂量是含40亿精子，输精量为80ml，则总精子数为200ml×2亿/ml=400亿，输精头份为400亿÷40亿=10份，加入稀释液的量为10×80ml-200ml=600ml

7、稀释后要静置片刻（5分钟以上），再作精子活力检查，如果精子活力低于70%，不能进行分装。

图4–28 精液稀释操作规程

精杯中提出，放入杯中，根据计算出的稀释后的最终重量，将与精液等温的稀释液缓缓加入杯中，直到重量达到最终稀释后总重量为止。稀释液应尽量从低处沿杯壁流入装精液的大烧杯中，避免将稀释液从高处倒下，形成冲击。加入稀释液后，应轻轻摇动或用洁净的玻璃棒搅拌精液，使其混合均匀。精液稀释过程见图4-29至图4-33。

4. 精液的分装　稀释好精液后，先检查精子的活力，活力无

图4-29　称重计算

图4-30　加稀释液

图4-31　搅　拌

图4-32　镜　检

图4-33　稀释完成的精液

明显下降则可进行分装。

　　精液的分装形式多样，有瓶装精液和袋装精液。袋装精液可将袋中空气排净后封口。瓶装精液会留一些空气，在精液运输中空气震荡会缩短精子的存活时间。另外，袋装精液平放时，容器底面积大，有利于降低精子死亡率。瓶装时可将精液瓶瓶盖拧下，倒入精液；袋装一般要用灌装设备，并用封口机封口（图4-34）。

　　采用精液瓶分装，要注意将瓶内的空气尽量排干净然后拧紧瓶盖。最后在精液瓶上贴上标签，清楚标明公猪站号、公猪品种、采精日期及精液编号（图4-35）。

　　5. 精液的保存　保存温度应不低于15℃，不高于20℃，精液最佳保

图4-34　精液分装机

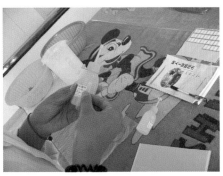

图4-35　贴标签

图4-36　精液恒温箱

存温度为17℃，用专用电子恒温冰箱保存精液（图4-36）。在精液保存过程中，精子会沉淀到底部，每天应分两次轻轻摇动或上下翻转输精瓶（袋），使精液再次混合后保存。

　　精液稀释分装后应尽可能在72小时内使用完，如果精液保存时间超过72小时应废弃。如果继续使用，应取样检查精子活力。

　　6. 精液的运输　精液运输的关键是保温、防震、避光。

　　运输注意事项：①运输前应检查精子活力，活力低于0.7的精液严禁调出；②包装瓶

（袋）应排尽空气，以减少运输震荡；③运输过程中放入保温箱中保温（16～18℃）；④运输过程中应严格避光；⑤到达目的地后检查精子活力，合格者方可接收（图4-37、图4-38）。

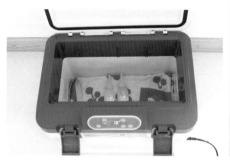

图4-37 精液运输箱

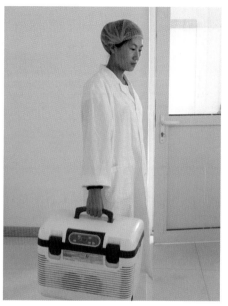

图4-38 精液运输准备

六、输精

输精效果的好坏直接关系到母猪情期受胎率和产仔数，适宜的输精时间和输精管插入母猪生殖道部位的正确与否是输精能否成功的关键。

1. **母猪发情诊断** 母猪在发情期间将出现以下部分或全部症状：烦躁不安，鸣叫，食欲减退，（部分猪）流泪，爬跨其他母猪；外阴红肿、变得松弛；分开外阴部可见到阴道分泌的黏液；当按压其背部或人骑在母猪背上时，母猪站立不动，同时表现为耳竖起、背弓起、尾竖起并颤抖，对外阴和侧腹部的刺激敏感。

2. **猪发情征状与人工授精最佳时间** 见图4-39。

静立前1天受精率10%，静立第1天受精率70%，静立第2天受精率98%，静立第3天受精率15%，输精最佳时间为静立后12～24h。

3. **精液质量检查** 袋装精液可先将其放在恒温载物台上，用一张载玻片（边缘磨光）压在黏液袋上，使这部分精液加热片刻，在100倍下观察活力，输精前精液的活力不应低于0.6。没有恒温载物台的实验室，可

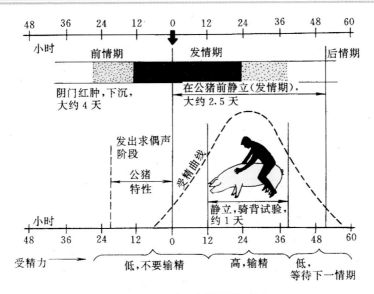

图4-39　人工授精最佳时间

将精液袋封口线内刺破，用微量移液器吸取精液在显微镜下检查，保证精液合格，再用封口机将精液袋封好。

4.输精　输精过程见图4-40。

5.输精程序

（1）输精人员消毒清洁双手。

（2）清洁母猪外阴、尾根及臀部周围，再用温水浸湿毛巾，擦干母猪外阴部。

（3）从密封袋中取出灭菌后的一次性输精管，手不应接触输精管前2/3部分，在其前端涂上润滑液。

（4）将输精管45°向上插入母猪生殖道内，当感觉有阻力时，缓慢逆时针旋转同时前后移动输精管，直到感觉输精管前端被"锁定"（轻轻回拉拉不动）在子宫颈的位置（图4-41）。

（5）从精液贮存箱取出品质合格的精液，确认公猪品种、耳号。缓慢颠倒摇匀精液，用剪刀剪去输精瓶嘴（或掰开精液袋封口将塑料管暴露出来），接到输精管上，将精液袋后端提起，开始进行输精。不能将精液挤入母猪的生殖道内，以防精液倒流。

（6）控制输精瓶（管、袋）的高低（或进入空气的量）来调节输精

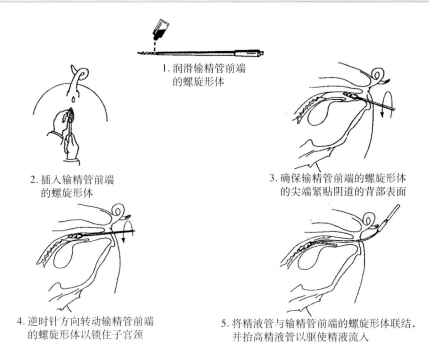

1. 润滑输精管前端
   的螺旋形体

2. 插入输精管前端
   的螺旋形体

3. 确保输精管前端的螺旋形体
   的尖端紧贴阴道的背部表面

4. 逆时针方向转动输精管前端
   的螺旋形体以锁住子宫颈

5. 将精液管与输精管前端的螺旋形体联结，
   并抬高精液管以驱使精液流入

图4-40 输精示意图

时间，输精时间要求3～10分钟。在输精过程中，应适当按压母猪背部、抚摸母猪的腹侧以刺激母猪，使其子宫收缩产生负压，吸纳精液。如果在专用的输精栏内进行输精，可隔栏放一头公猪，这样输精会更容易些；如果输精场地宽敞，输精员可站在母猪的左侧，面向后，左臂压在母猪的后躯，将重力压在母猪的后背部，

图4-41 人工输精技术

并用手抚摸母猪侧腹及乳房，右手将精液袋提起，这样输精更接近本交，精液更易进入母猪生殖道内。精液输完后，让输精管在母猪生殖道中再停留0.5～1分钟，然后放低输精瓶（管、袋）约15秒，观察精液是否回流到输精瓶，若有倒流，再将其输入（图4-42）。

（7）输精完成后，可把输精管后端一小段折起，用精液袋上的圆孔固定，使输精器滞留在母猪生殖道内，让输精管慢慢滑落；或较快地将输精管向下抽出，以促进子宫颈口收缩，防止精液倒流。

（8）登记　填写母猪输精记录表。

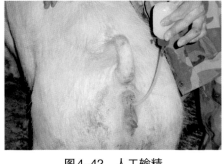

图4-42　人工输精

6.输精注意事项

（1）从17℃冰箱中取出的精液，无需升温摇匀可直接用于输精。但检查精子活力时需将载玻片升温至37℃。

（2）如果在插入输精管时母猪排尿，应丢弃该输精管。

（3）如果输精时精液倒流，应将精液袋放低，使母猪生殖道内的精液流回精液袋中，然后使输精管呈水平状态，只将输精袋斜向提起，注意按摩母猪侧腹；检查输精管位置是否正确，可前后移动输精管，仍然不行，可将输精管取出，重新插入。

（4）输精时母猪始终不安定，可在公猪面前输精；如果仍然不顺利，可能不是最佳输精时间。

（5）对弓背母猪可加大腰部下压力度，使其腰部下凹。

（6）每头母猪在一个发情期内输精两次，两次输精时间间隔8～12小时。

7.输精完成后母猪的管理

（1）在输精后的几天里，不要给母猪喂过多饲料，但要用高质量的饲料。

（2）每天检查母猪粪便状况，观察有无阴道分泌物。

（3）输精后第18天开始检查有无返情征状，一直检查到输精后第23天。

（4）输精后第24天开始用超声波探测仪确认母猪是否妊娠（图4-43）。

图4-43　B超检查

第五章　科学调配饲料

民生乃以食为天，养猪须以料为先。
经济安全为原则，配方不能轻易变。
原料精挑严过关，霉变饲料不可选。
青绿饲料适口好，全价饲料营养高。
青粗精料合理搭，矿物饲料作补充。
节粮饲料可利用，注意事项要记牢。
饲料调配三做到，质优准确数字化。

一、饲料选用的原则

（一）饲料的科学性

猪饲料来源广、种类多，如何科学有效地应用到生产实践当中，一是要根据其原料的营养价值、价格、质量设计配方，同一种原料，由于收获时间的不同、地域的差别，其营养、价格、质量有所不同，应选择价廉、质优的原料。二是根据猪的不同品种、不同生产发育阶段有针对性地设计配方，例如，幼猪要有足够的蛋白质饲料；育肥猪要保持较高的能量水平；种公猪和种母猪既要保证蛋白质的数量又要保证质量，同时矿物质和维生素不能缺少（图5-1）。总之科学合理地利用饲料，要利用计算功能，筛选出适合本地区、本企业的质优、价廉的饲料配方。

（二）饲料选用的经济性

选择质量高、价格贵的饲料，还是选择质量低、价格便宜的饲料呢？应该说都不是正确的选择。那么，在质量相同的情况下，选择价格

图5-1　加喂青绿饲料

便宜的；在计价相同的情况下，选择质量高的。应该说这是正确的选择吧？严格讲，也不一定是正确的选择。正确的选择是最经济的。什么是最经济的呢？投入少、回报大就是最经济的。投入少的概念并不是购买价格便宜的饲料而是养一头猪，饲料总费用少。由于饲料总费用少，养猪的成本就小，自然利润就大，回报也就大。我们知道，饲料费用等于饲料用量乘以饲料价格。饲料用量多少，与饲料质量有关。质量好的饲料总用量少，质量低的饲料总用量多。如果价格不一样，结论就不是唯一的。有可能质量好的饲料费用少，也有可能质量差的饲料费用少，取决于价格和用量到底差多少。如果质量好的饲料比质量差的还便宜，那么肯定是质量好的饲料费用少。

（三）饲料的安全性

饲料是动物的粮食，也是人类的间接食品，还是食品安全的源头。饲料中的有害物质在动物体内残留会影响食品安全，危害人体健康，如饲料存在安全隐患，会直接影响到养殖业的发展、农牧民增收和养殖产品的国际贸易，损害我国作为饲料大国的国际形象。广大饲料企业和养殖企业要从源头抓安全、抓质量。从原料采购、生产加工、包装、储存、销售等各个环节，严格控制生产过程；严格按照标准组织生产；严格行政许可；提高准入门槛，淘汰不符合条件、违法、违纪饲料企业。因此，配方设计必须遵循国家的《产品质量法》《饲料和饲料添加制管理条例》《兽药管理条例》《饲料标签》《饲料卫生标准》《饲料药物添加剂使用规范》《禁止在饲料和动物饮用水中使用的药物品种目录》等有关饲料生产的法律法规，决不违禁违规使用药物添加剂，不超量使用微量元素和有害原料，正确使用允许使用的饲料原料和添加剂，确保饲料产品的安全和合法。

（四）饲料的标准性

全国饲料工业标准化技术委员会（简称饲料标委会）成立于1986年。成立之初，饲料标委会完成了强制性标准《饲料标签》及多项饲料原料标准及添加剂产品标准的制定，完成了强制性标准《饲料卫生标准》及150多项检测方法标准的制定，也完成了第一版《饲料工业标准体系表》的编制工作。近年来，饲料工业标准化工作的制标重点放在与养殖产品质量安全密切相关的违禁药物和饲料药物添加剂检测方法标准和饲料添加剂产品标准上。完成了80%以上的违禁药物和饲料药物添加剂检测方法标准及93项饲料添加剂产品标准的编制工作。初步统计，截至2009年，我国饲料工业现行有效的国家标准、行业标准共416项，其中国家标准198项、行业标准218项。正在制定的国家标准、行业标准共100多项。各地颁布实施的地方标准有140多项。此外，15 000多家饲料生产企业都编制了自己的产品标准，杜绝了无标准生产的现象，规范了行业。

（五）饲料选用的均匀性

现在的饲料配方是完全根据猪的需要和饲料成分用电子计算机辅助计算设计的，非常精确。假如饲料均匀性差，就破坏了配方的合理性，有些猪采食的营养足够，而另一些猪却会出现营养不良现象。这种情况对饲养效果影响很大，而且往往难以早期发现和补救。现实中人们普遍认为机器搅拌均匀度高，不会出现搅拌不均的情况。

二、配合饲料的种类

（一）添加剂预混料

由于添加剂种类很多、用量极少，很难直接向全价配合饲料中添加。在实践中，通常以饲料添加剂为原料，选择合适的载体或稀释剂，通过一定的加工工艺，在向配合饲料中添加之前预先将添加剂与载体或稀释剂混合，以增大体积，提高在配合饲料中的添加量，使微量的添加剂能够在配合饲料中均匀分布，这种由一种或多种添加剂与载体和稀释剂均匀混合后的混合物，叫添加剂预混料。在配合饲料中用量通常是1%～4%，不可直接用于饲喂。

添加剂预混料有4种分类方法：

1. 按原料种类分类
(1) 由单一原料制成预混料
(2) 由两种不同原料组成预混料
(3) 由不同原料组成预混料

2. 按生产渠道分类
(1) 由原药、化工等企业生产的单一商品添加预混料
(2) 由预混料（剂）生产厂生产的预混剂或复合预混料

3. 按使用对象分类，根据不同的动物种类和生理阶段来分，如种猪预混料、育肥猪预混料、仔猪预混料。

4. 按使用效果分类
(1) 高档添加剂预混料
(2) 中档添加剂预混料
(3) 低档添加剂预混料

（二）浓缩料

按照饲养标准的要求，由各种蛋白质饲料、维生素饲料、矿物质饲料、动物添加剂、生长素等组合而成。属于非成品。浓缩料是畜禽日粮的精华部分，主要特点是蛋白质含量高达35%以上，与能量饲料配合即成全价饲料。各种必须氨基酸、维生素、无机盐含量充足，一般在饲料中添加20%～40%，常用量30%。图5-2至图5-5为各类型猪用浓缩料。

浓缩饲料在我国的养殖业已经广泛应用。其原因，一是养殖场主要分布于农区和牧区，大宗的能量饲料如玉米、麸皮和饲草来自这些地区，这些原料不需要特别的加工就能作为畜、禽饲料。二是我国的运输费用较高，将这些原料运到饲料加工厂加工后再运到养殖场，会增加运输成本。三是我国的养殖业相对比较分散，小型的养殖场往往没有自己的饲

图5-2　种猪用浓缩料

图5-3　肥种猪用浓缩料

图5-4　育肥猪浓缩料

图5-5　仔猪用浓缩料

料加工设备，不方便购买种类繁多的原料。而浓缩料是将能量饲料以外的原料按一定比例配合在一起的混合料，只要与能量饲料混合在一起就可组成配合饲料。所以，在我国饲料企业中，相当一部分饲料产品是浓缩饲料。

我国没有专用的猪用浓缩料国家标准，猪用浓缩料应按照《饲料添加剂安全使用规范》的标准执行。2006年5月1日实施的《四川省猪用浓缩料地方标准》(DB51/T269—2006)规定了猪用浓缩饲料的分类、要求、试验方法、检验规则、标志、标签、包装、运输和贮存。该标准指出猪用浓缩饲料产品根据饲喂对象及阶段不同,分为仔猪用浓缩饲料、生长猪浓缩饲料和育肥猪浓缩饲料。生产猪用浓缩饲料所用原料应当符合国家饲料卫生标准的要求。饲料原料应色泽均匀,无发酵霉变、结块及异味、异嗅;水分不高于11.5%;成品99%通过2.80毫米分析筛,但不得有整粒谷物,1.40毫米分析筛筛上物不得大于15.0%。混合均匀,其变异系数(CV)应不大于10%。猪用浓缩料主要营养成分指标见表5-1。

表5-1　猪用浓缩料主要营养成分指标(摘自《四川省猪用浓缩料地方标准》)

饲料名称		粗蛋白质≥%	真蛋白质≥%	粗纤维<%	粗灰分<%	钙%	总磷≥%	食盐%	赖氨酸≥%	维生素A≥IU/kg	维生素D₃≥IU/kg	锌≥mg/kg	铜mg/kg	适用阶段	添加比例%
仔猪浓缩饲料	一级	41.0	31.0	7.0	20.0	2.0～4.5	1.3	1.0～2.5	3.5	15 000	2 000	300	30～800	体重	20～25
	二级	37.0	28.0	8.5	20.0	2.0～4.5	1.3	1.0～2.5	3.0	10 000	1 200	300	30～800	30kg以下	20～25
生长猪浓缩饲料		35.0	26.5	11.0	18.0	1.5～4.0	1.1	1.5～3.0	2.5	8 000	1 000	200	15～750	体重30kg～60kg	15～20
育肥猪浓缩饲料		30.0	22.5	13.5	18.0	1.5～4.0	1.1	1.5～3.0	1.6	5 000	600	200	15～200	体重60kg以上	15～20

注:1. 凡是添加植酸酶的浓缩饲料,总磷可以降低,但生产企业应制定企业标准,并在饲料标签上注明添加植酸酶及其添加量。

2. 凡是使用有机微量元素的浓缩饲料,微量元素值可以相应降低,但生产企业应制定企业标准,并在饲料标签上标明添加的有机微量元素的名称及其添加量。

(三)全价配合饲料

全价配合饲料是按照饲养标准的要求,把各种蛋白质饲料、能量饲料、维生素饲料、矿物质饲料、药物添加剂、生长素,按一定比例科学合理混合而成的,可以直接用于生产,一般不必再补充其他营养物质,就能全面满足饲喂对象的营养需要。全价配合饲料通常可根据动物种类、年龄、生产用途以及不同阶段的生长发育需要，划分出各种不同型号。有饲料企业直接生产的全价配合饲料，但价格比较贵、成本高；也有大型养殖场根据当地原料资源及饲养品种，筛选科学合理的饲料配方，自己生产的全价配合饲料。养殖场自己生产全价配合饲料能降低成本，做到有的放矢，但必须注意在实际生产中由于技术水平条件等因素限制，其生产的全价饲料难以达到营养上的全价，故应根据生产实际随时修改配方，使其达到营养全价。各类型猪用全价料见图5-6至图5-9。

图5-6　乳猪全价料

图5-7　哺乳母猪全价料

图5-8　仔猪全价料

图5-9　中猪全价料

三、饲料的加工与调制

（一）饲料的粉碎

粉碎是利用机械的方法克服固定物料内的凝聚力而将其分裂的一种工艺，靠机械力将物料由大块破碎成小块。常采用碎、磨碎、压碎与锯切碎等方法。

饲料原料粉碎后表面积增大，有利于饲料转化率的提高和猪只消化吸收。原料粉碎粒度应根据原料品种及饲喂对象的种类而定，只有科学合理的饲料粉碎粒度，才能使猪只获得预期的全价营养，提高饲料报酬和防止饲料浪费。国内《配合饲料大全》一书中，对仔猪饲料的粉碎粒度要求1.00毫米以下。建议仔猪用玉米、豆粕的粉碎粒度以0.6～1.0毫米为宜；生长育肥猪玉米、豆粕的粉碎粒度以500～600微米为宜；不超过1 000微米（考虑猪种因素）；母猪饲料中谷物的最适粒度为500～600微米，不超过1 000微米。

（二）青贮

青贮是利用青贮原料在密闭无氧的环境中进行厌氧菌发酵，使原料中所含的糖分变为有机酸（主要是乳酸），从而抑制其他有害微生物的活动，达到保存原料中养分的方法。

1. 青贮前的准备工作

（1）**青贮容器**　主要是青贮塔、青贮窖（壕）和塑料袋。大小根据地形、养猪数量、贮量及铡草机功率等来决定。密封用聚乙烯塑料。

（2）**窖址选择**　要求高燥向阳、土质坚硬，距猪舍较近，四周应有一定空地，便于制作和运送饲料。

2. **青贮原料**　青贮的原料要求新鲜、不霉烂，尽量用多种青饲料混合青贮，含水量65%～70%为宜。含蛋白质较多的饲料不宜单独青贮，最好与含糖较多的饲料混合青贮。用于青贮的原料主要有玉米秸（专用青贮玉米、粮饲两用玉米等）、甜高粱、苏丹草、燕麦、红苕滕、聚合草、萝卜缨、蕉藕、黑麦草、串叶松香草、空心菜等。

3. **青贮的方法步骤**　①刈割和运输原料；②切碎或铡短原料；③装窖和压实；④封盖和后期管理。要做到"六随三要"，六随即随割、随运、随切、随压、随装、随封，连续进行，尽快完成；三要即原料要切碎（干饲草青贮长0.95厘米，其中至少20％长1.27～2.54厘米。玉米、高粱和小粒谷物0.64～0.95厘米），装填要踩实，窖顶及四周要封严。能否踩实和密封，是青贮成败的关键（图5-10）。

图5-10　饲料青贮

4. **青贮料的质量评定**　品质良好的青贮料，颜色呈黄绿色，略带水果味或甜酒香味，手摸松散柔软、略带潮湿，不粘手，茎、叶脉络仍能辨认清楚。中等的青贮料呈黄褐色或褐绿色，若有刺鼻的酸味，则表示含较多醋酸；劣等的青贮料为褐色或黑色，带有霉烂味，丁酸较多，结成一团、发粘，分不清原有结构或过于干硬。

5. **青饲料的取喂**　开窖后要坚持天天取用，取后务必盖严，防止青贮料长时间暴露、结冰和雨淋，发生霉变。

（三）饲料的浸泡

浸泡饲料：一是为了使饲料软化，并减少使用时的粉尘，使用的水量以刚好浸湿饲料手握不滴水为标准；二是为了去毒，浸泡去毒的对象是籽实类饲料。

（1）水洗去毒法　将发霉的饲料放入缸中，加清水泡开，用木棒搅拌。如此清洗5～6次后，便可达到去毒目的，用来饲喂畜禽。

（2）水煮去毒法　将发霉饲料放在锅中，加水煮沸30分钟，去掉水分后可饲用。

（3）石灰水去毒法　将霉变饲料放入10%的纯净石灰水中浸泡3天，再用清水洗净，晒干后即可去霉。此法也适用于棉籽饼、菜籽饼的去毒。

（4）氨气去毒法　将发霉饲料的含水量调到15%～22%，放入缸中，通入氨气，然后密封12～15天，再晒干，使之含氨量减少后即可饲用。

（5）蔗糖去毒法　将发霉饲料浸泡于1%的蔗糖液中10～14小时，然后滤去浸泡液，用清水冲洗，再摊开晒干，即可去毒。

（6）脱胚去毒法　此法主要用于玉米的去毒，因为发霉玉米的毒素主要集中在玉米的胚部。其方法是：先将玉米磨成1.5毫米左右的小颗粒，再加5～6倍水，然后进行搅拌和轻搓，胚部碎片因轻而浮在水面上，将其捞出或随水倒掉，如此反复数次，即可达到脱胚去毒的目的。

（四）饲料打浆

饲料打浆主要是青绿饲料打浆，青绿饲料种类很多，可分为四大类：第一类是天然草地或人工栽培的牧草，如黑麦草、紫云英、苜蓿、鸭茅等；第二类是叶菜类和藤蔓类，其中不少属于农副产品，如甘薯藤、甜菜帮、萝卜缨、南瓜藤等；第三类是水生饲料，如绿萍、水浮莲、树叶、野草等。青饲料的主要特点是，颜色青绿，鲜嫩多汁，纤维素少，适口性强，容易消化吸收，营养丰富、全面。青饲料叶片中的叶蛋白质接近于酪蛋白质。不同种类的青绿饲料其营养特性差别很大，同一类青绿饲料在不同生长阶段，其营养价值也有很大不同。青饲料里胡萝卜素特别丰富，含钙、磷多，且比例适中。但青饲料的含水量高达80%以上，碳水化合物含量相对较低。常见的打浆品种有鲜苜蓿、甜菜、胡萝卜、油菜、籽粒苋等，可用于养猪。

四、猪节粮型饲料的利用技术

（一）猪用秸秆饲料

我国的秸秆产量十分丰富，据统计全国年产各类农作物秸秆5.7亿吨，其数量相当于北方草原打草量的50多倍。仅山西省年产秸秆1 900万吨，玉米、小麦秸秆占到52.5%。据联合国粮农组织（FAO）统计表明，在美国约有73%的肉类由草转化而来，澳大利亚为90%。而我国仅有6%～8%。我国早在20世纪80年代就提出，养殖业要主攻食草型和非耗粮型饲料，秸秆过腹还田，利用率将达40%。早些年由于秸秆饲料的粗纤维含量高，仅限于反刍动物（牛、羊）饲用，单胃动物很少使用，进入90年代，现代生物工程技术在秸秆利用方面起到了积极的作用。通过各种化学、物理手段，使其含有的粗纤维降解为动物容易消化吸收的单糖、双糖、氨基酸等小分子物质，从而提高饲料的消化吸收率，为单胃动物利用开辟了广阔的空间。"九五"期间，又进一步探索用纤维和高产SCP菌种的混合发酵处理，使玉米秸秆（图5-11）蛋白质含量达19.63%～24.14%，粗纤

图5-11　玉米秸秆

维利用率达70%以上，将秸秆利用扩展到猪、鸡、鱼、牛、马、羊等几乎所有的畜禽。

猪用秸秆饲料的技术手段有：EM处理法和ZL—高效能秸秆生物饲料处理技术。原理是借助生物、化学的双重作用，把农作秸秆转化为高营养、高效能的生物饲料，代替部分粮食饲料喂猪，这一技术的应用可降低猪养殖成本30%～60%。

（二）鸡粪作猪饲料

鸡粪再生用作猪饲料饲原因，一是中大中城市郊区集约化鸡场的发展，鸡粪对环境的污染日趋严重，以致成为公害；二是鸡粪中（特别是雏鸡粪中）含有丰富的营养成分，其中粗蛋白（各种必需氨基酸）、矿物质、微量元素都比谷物饲料高；三是饲料原料价格居高不下，使养殖成本不断攀升，利润下降，有的甚至出现亏损。因此科学有效地利用鸡粪喂猪，以减少环境污染、降低成本、增加效益，是今后养猪业发展的方向。下面介绍几种鸡粪的加工方法和饲喂技术。

1. **普通密闭发酵法**　将鲜鸡粪装入适当的容器中，加入一定量的水密封，利用鸡粪中的微生物进行自然发酵，温度不低于15℃，在恒定的温度下约需2天时间。

2. **自然晾晒法**　将一定量的鲜鸡粪放于水泥地面，在阳光下晾晒2天，水分降到10%以下。

3. **机械干燥法**　将鲜鸡粪放入电热风箱内180℃烘干30分钟。

4. **鸡粪青贮**　大型的养殖场可建青贮窑或青贮塔，规模小的养殖场可以用塑料袋青贮，鸡粪青贮发酵约10天左右，分不同季节灵活掌握发酵天数，夏天可短一些，冬天可长一些。

5. **鸡粪饲喂方法**　鲜鸡粪喂猪法，东南亚各国采用鸡猪同圈饲养，鸡笼在猪圈上方1.5米高的地方，鸡排出的粪便几分钟内被猪舔食干净，大约可节约30%的饲料，一般5只鸡的鸡粪可供一头猪食用。

用加工以后的鸡粪喂生长发育猪，70%的基础日粮加30%鸡粪再生饲料，每天可节约0.58千克饲料，如果鸡粪加到40%应注意补充能量饲料，如糖渣、油渣等。

鸡粪饲喂空怀和待配母猪可加到40%的比例，而妊娠和哺乳母猪可控制在20%～30%。

（三）发酵血粉的利用

随着我国畜禽业的不断发展，各地肉联厂、屠宰场和食品加工厂，每年有大量的畜禽鲜血可以利用。根据统计每年产生的鲜血资源达2 800万吨以上，可供生产二次发酵血粉400万吨以上，是符合我国国情的开发饲用蛋白质资源的有效手段。

　　把鲜血加工成血粉的传统方法是蒸煮法、喷雾烘干法，这样生产的血粉适口性差、可消化利用率低，对氨基酸破坏多且氨基酸的组成不平衡，浪费了宝贵的蛋白饲料资源。为了使血液能够被动物更有效的吸收利用，而又不破坏鲜血中的营养成分，利用孔性载体加动物鲜血与微生物发酵生产的血粉（称第一次发酵血粉），再以一次发酵血粉做载体加鲜血和菌种进行二次发酵（称二次发酵血粉），二次发酵所得的血粉含动物源蛋白、植物源蛋白和菌种蛋白，整个氨基酸平均消化率比一次发酵血粉提高10.29%（表5-2）。

表5-2　二次发酵血粉的营养成分（%）

粗蛋白	粗纤维	无氮浸出物	灰分	钙（Ca）	磷（P）
50.1	2.6	25	9.6	0.2	0.9

（四）豆腐渣、酱油渣、粉渣、酒糟的利用

　　1. 豆腐渣　豆腐渣饲用价值高，干物质中粗蛋白和粗脂肪含量高，适口性好、消化率高。但其含有抗胰蛋白酶等有害因子，宜熟喂。生长育肥猪饲料中可加30%，喂量过多会导致屠体脂肪恶化。鲜豆腐渣因含水分高易酸败、腐坏，宜加入5%～10%的碎秸秆青贮保存。

　　2. 酱油渣　酱油渣由于原料和加工工艺不同营养价值有差异，粗蛋白和粗脂肪含量较高，无氮浸出物含量较低，维生素较缺，含盐量高，适口性差，饲用价值低，但其产量较高。如何提高其饲用价值，以充分利用这一饲料资源是一个值得探讨的课题，酱油渣喂猪宜与其他能量饲料搭配使用，同时多喂青绿饲料，防止食盐中毒。一般用量为7%，不能超过10%。

　　3. 粉渣　粉渣干物质中的主要成分为无氮浸出物、水溶性维生素，蛋白质和钙、磷含量少，鲜粉渣含有可溶性糖，经发酵可产生有机酸，pH一般为4.0～4.6，容易被腐败菌和霉菌污染而变质，丧失饲用价值。用粉渣喂猪必须与其他饲料搭配使用，并注意补充蛋白质和矿物质等营养成分。猪的配合饲料中，小猪不超过30%，大猪不超过50%，哺乳母猪不宜加粉渣，尤其是干粉渣，易造成乳中脂肪变硬引起仔猪下痢。

　　4. 酒糟　分为啤酒糟和白酒糟。

　　鲜啤酒糟的营养价值比较高,粗蛋白含量占干物质量的22%~27%,粗脂肪占6%~8%,无氮浸出物占39%~48%,易自行发酵而腐败变质,直接就近饲喂最好,或青贮一段时间后再喂,或将其脱水制成干啤酒糟再喂。啤酒糟具有大麦芽的芳香且含有大麦芽碱,适于喂猪,尤其是生长育肥猪,因其粗纤维含量较高,在猪饲料中只能用15%左右,且应与青、粗饲料搭配使用。不宜喂小猪。

　　白酒糟其营养价值因原料和酿造方法不同而有明显差异,由于酒糟是原料发酵提取碳水化合物的剩余物,粗蛋白、粗纤维等成分所占比例相应提高,无氮浸出物含量则相应降低,B族维生素含量高,白酒糟作为猪饲料可鲜喂、打浆喂或加工成干酒糟粉饲喂。生长育肥猪饲料中可加鲜酒糟20%,干酒糟控制在10%以内。白酒糟有"火性饲料"之称,喂量过多易引起猪便秘或酒精中毒。仔猪、繁殖母猪和种公猪不宜喂白酒糟,因为白酒糟会影响仔猪生长发育和种猪的繁殖能力。

第六章　防控主要疫病

防疫消毒很关键，程序科学墙上见。
严格规范细执行，认真认真再认真。
疫苗注射先看清，批号记录可查询。

　　随着人们生活水平的提高，畜产品的需求量不断增加，养殖业向规模化、专业化、集约化方向发展是必然趋势，因此也带来了一系列问题。主要表现在高密度的饲养方式，不良的饲养环境，高生产性能与营养供给的失衡，跨地区间种猪及商品仔猪的交易导致病源菌传播概率的增加等，因此猪的各种疾病明显增多。猪病增多造成养猪成本大幅增加，甚至危及到人类食品安全。防病控病已经成为我国养猪业健康发展的一大难题。

一、猪病发生的原因

（一）猪病发生的基本原因

　　近年来，我国部分地区猪病的发生发展出现了一些新特点，部分老疫病呈非典型化，临床症状日渐复杂，新的病毒、细菌感染性疾病不时出现，个别传染病的免疫失败也时有发生。猪病的流行使养猪生产遭受严重的经济损失，据统计，我国养猪业每年因各种疾病直接造成上百亿元的经济损失。疾病导致生产成本上升，饲养和人工的浪费，含有治疗性药物的病猪及其产品对食品安全构成极大威胁。由此可见，目前影响我国养猪业健康发展的关键已经由原来的品种、饲料和市场转变为各种疫病的威胁，疫病的流行成为制约养猪业持续发展的主要因素。

　　总体来讲，猪病发生的原因主要有以下几点：①养殖方式落后，传统的散养方式在我国仍占有很高的比例，大部分散养户观念陈旧，技术力量不到位，管理手段跟不上，圈舍简陋，管理粗放，免疫不到位，消毒不彻底，达不到法律规定的防疫条件；②防疫不当，主要是由于免疫操作不规范、疫苗运输和保管不善引起；③猪发生免疫抑制，主要是由于感染一些免疫抑制性疫病、药物引起免疫抑制以及饲料引起免疫抑制；④药物滥用导致耐药菌株产生，主要是由于滥用抗菌药物和激素药物，

图6-1　因病死亡的猪

以及疫病治疗不彻底，病原微生物逐步产生耐药性，甚至发生变异，给今后的治疗造成较大难度；⑤随意引种，产品流通领域疏于管理；⑥饲养管理不当，如猪舍内有害气体浓度过大引发疾病，或者饲养密度过大、光照不合理等因素引发疾病。见图6-1因病死亡的猪。

（二）病原微生物的侵入

目前，猪的病原微生物传播途径主要有：呼吸道传播：病原体随着病猪咳嗽、打喷嚏的飞沫以及呼气排出体外，健康猪吸进这些病原体后引起传染，如猪气喘病、流行性感冒等；消化道传染：很多病原体都是随着猪的采食、饮水和拱土等进入体内，如猪瘟等；伤口传染：当皮肤或黏膜有损伤时，病原体由伤口侵入，如破伤风、猪丹毒等；生殖道传染：有的公猪或母猪配种时互相传染，如猪细小病毒病等；昆虫携带传染：如蚊、虱、跳蚤等吸血昆虫传播疫病，如猪附红细胞体病等。

采取严密的防疫措施是防控猪传染病的重要环节，特别是那些危害性大的群发病，如猪瘟、猪丹毒、猪肺疫、仔猪副伤寒以及寄生虫病（弓形虫病、附红细胞体病）。具体措施有以下几方面：①建立严格的科学预防接种制度，这是预防猪传染病极其重要的有效措施。②切断疫病传播途径，建立无病猪群，实现自繁自养，育肥猪要做到全进全出，猪舍清扫消毒1周后再进新猪；应选择远离村庄、交通要道、牲畜市场、地势高燥、向阳的地方建猪场。猪场要有围墙隔离，门前设消毒池，最好建隔离猪舍，引进的新猪在其内饲养观察无病后才能合群。③增强猪体

抗病能力，喂猪的饲料要清洁卫生，科学搭配，营养全面，必须根据猪的不同类型及猪的不同生理阶段给予不同营养水平的日粮。

（三）致病的寄生虫感染

猪的致病寄生虫主要分体内寄生虫和体外寄生虫两大类：体内寄生虫主要有蛔虫、鞭虫、结节线虫、肾线虫、肺丝虫等，这几种体内寄生虫对猪机体的危害均较大，成虫与猪争夺营养成分，移行幼虫破坏猪的肠壁、肝脏和肺脏的组织结构和生理机能，引起猪日增重减少、抗病力下降等；体外寄生虫主要有螨、虱、蜱、蚊、蝇等，其中以螨虫对猪的危害最大，除干扰猪的正常生活节律、降低饲料报酬和影响猪的生长速度以及猪的整齐度外，还是很多疾病的如猪乙型脑炎、细小病毒病、猪附红细胞体病等的重要传播者，给养猪业造成严重的经济损失。因此，想要减小致病寄生虫对养猪业的危害，必须建立有效的生物安全体系，减少工厂化猪场寄生虫病发生的机会。从做好封闭猪场的工作开始，坚持自繁自养的原则，新引进的种猪应在隔离期间进行粪便及其他方面的检查，并使用广谱驱虫剂进行重复驱虫，严防外源寄生虫的传入；严禁饲养猫、犬等宠物，搞好猪群及猪舍内外的清洁卫生和消毒工作，定期做好灭鼠、灭蝇、灭蟑、灭虫等工作，消灭中间宿主；坚持做好本场寄生虫的监测工作。猪舍必须经严格冲洗消毒，空置几天后再转入新的猪群，有效地切断寄生虫的传播途径，满足猪群不同时期各个阶段的营养需要量，提高猪群机体的抵抗力。

二、保健措施

（一）氛围营造

1. **猪舍内部环境的营造**　根据猪的生物学特性，小猪怕冷、大猪怕热、大小猪都不耐潮湿，需要洁净的空气和一定的光照，因此，规模化猪场猪舍的结构和工艺设计都要围绕着这些问题来考虑。这些因素中最主要的就是温度的调节，猪舍内的小气候调节必须进行综合考虑，以创造一个有利于猪群生长发育的环境条件。在寒冷季节，成年猪的舍温要求不低于10℃，保育舍应保持18℃为宜。2～3周龄的仔猪需26℃左右，而1周龄以内的仔猪需30℃的环境。在炎热的夏季，对成年猪要做好防暑降温工作。如加大通风、给猪淋浴加快热的散失，减小猪只密度以减少舍内的热源，这样可以有效地提高育肥猪、妊娠母猪和种公猪的生产性能。

2. 猪场外部环境的营造　①植树种草进行绿化，猪场周围和场区空闲地植树种草进行环境绿化，对改善小气候有重要作用。在猪场内的道路两侧全部栽植行道树，每栋猪舍之间栽种速生、高大的落叶树如速生杨等。②搞好粪污处理，猪舍的排污方式一般有两种，一是粪便和污水分别清除，一般多为人工清除固形的鲜粪便，另设排水管道将污水（含尿液）排出至舍外污水池。这种方法比较适于北方寒冷地区。另一种方式是粪便和污水同时清除，这种方式不宜在北方寒冷地区采用，因其用水量较大，会造成舍内潮湿，又会产生大量污水而难于处理。

（二）中药保健

中药是人与动物体可消化吸收的具有特殊功能的"食物"，每一味中药是多结构成分的有机复合物，也可以说是特异性营养素，在动物体内可双向调整机体免疫功能，具有帮助吸收、舒肝利胆、舒筋养血、调整代谢等作用。中草药的多功能性可调动机体的一切抗病因素，即非特异免疫因素（白细胞吞噬作用、溶菌素、酶、杀菌素、干扰素、补体），对病原菌有一定的抑杀作用，且不产生抗药性，因此对动物具有良好的保健作用。中草药具有多功能性、营养作用、维生素作用、免疫增强作用、激素作用、抗应激作用等，中草药含有多种生物活性物质，中药配位化学认为中药有效成分不单是有机分子也不单是微量元素，而往往是有机分子与微量元素组成复合化合物。中草药中含有多糖、有机糖、生物碱、挥发油、苷类等免疫活性物质，作用于免疫系统可活化机体的免疫细胞与发育，因而提高机体抗御病原的能力，达到"明医者治未病"。有许多中草药本来都是大自然赋予动物的天然食品，如山楂、大小蓟、蒲公英、枸杞、五味子、甘草、黄芪等。现已知山楂、五味子都含有几十种营养素，作用于有机体参与代谢。何首乌含有机锌含量较高，甘草、黄芪含有机硒非常高。中草药的有机微量元素、复合化合物在有机体内代谢产生的健康作用是无机微量元素和其他营养素不能比拟的，通过多年来对养殖户实行中药保健技术防治猪病试验，均取得良好效果。

三、环境消毒

（一）消毒的环节

消毒是防止猪传染病发生和流行的重要措施之一，主要包括预防性消毒、紧急消毒、终末消毒。常用的设施和设备有猪场和生产区的消毒池、人员更衣室、喷雾器、高压清洗机、火焰消毒器等（图6-2至图6-4）。

图6-2 场门消毒池　　图6-3 喷雾器　　图6-4 汽油喷灯

猪舍消毒可按以下步骤进行。

（1）**清扫** 彻底清除舍内粪便垃圾，可在清扫前喷一些消毒剂，以减少粉尘，避免工作人员吸入病原体。

（2）**清洗** 对设备、墙壁、地面进行彻底清洗，除去其表面附着的有机物，为化学消毒打好基础。

（3）**化学消毒** 建议空舍使用二种或三种不同类型的消毒剂进行二次或三次消毒。例如，第一次用氢氧化钠，第二次用季胺盐类，第三次用福尔马林熏蒸或第一次用过氧乙酸，第二次用氢氧化钠，第三次用福尔马林熏蒸。

（二）消毒的方法

1. **机械清除法** 通过对猪舍地面的清扫、洗刷可以清除粪便、垫草、饲料残渣等，随着这些污物被清除，大量的病原体也随之被清除。清扫出来的污物，可采取堆积发酵、掩埋、焚烧等处理。

2. **物理消毒法**　实际生产中常用紫外线灯进行空气和物品消毒，消毒用紫外线灯要求为220伏、辐射253.7纳米，紫外线的强度不低于70微瓦/平方厘米，要求紫外线消毒室密闭、无阳光照入。紫外线对人有一定危害，所以紫外线灯一般限于实验室、更衣室等应用（图6-4）。另外通过高温火焰烧灼可处理污染场所、污染物及尸体。见图6-5、图6-6。

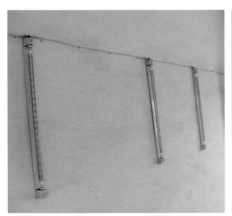

图6-5　紫外线消毒区　　　　　　　　　图6-6　喷雾消毒

3. **化学消毒法**　在兽医防疫实践中，常用化学药品来进行消毒。在选择化学消毒剂时，要求对人畜毒性小、广谱高效，不损害被消毒的物体，易溶于水，在消毒的环境中稳定，不易失去消毒作用，价格低廉和使用方便。见图6-6。

4. **生物热消毒**　生物热消毒法用于污染粪便的无害化处理。采取粪污堆积发酵等方法，使其温度达到70℃以上，经过一段时间，可杀死芽孢以外的病原体。

（三）消毒药的选择

1. **含氯消毒剂**　常用的药物有二氯异氰尿酸钠、三氯异氰尿酸钠、漂白粉等。

2. **氧化剂**　主要包括过氧化氢、过氧乙酸、高锰酸钾等，其中过氧乙酸常用于环境消毒，也可用于消毒除金属和橡胶外的各种物品，市售成品有40%水溶液，须密闭避光存放在低温处，有效期半年，低浓度水溶液易分解，应随用随配。

3. **碱类消毒剂**　常用的是氢氧化钠（火碱），消毒作用可靠，对细菌、病毒均有强效。常用1%～2%的热水溶液。石灰乳也是常用消毒剂，它是生石灰加水配制成10%～20%混悬液用于消毒，消毒作用强，石灰乳吸收二氧化碳变成碳酸钙则失去作用，所以要随时配制随时用。直接将生石灰洒在干燥的地面上不起消毒作用。

4. **酚类消毒剂**　常用消毒剂有来苏儿、复合酚（菌毒敌）。其性质稳定、成本低廉、腐蚀性小，缺点是对病毒效果差。

5. **醛类**　常用的有甲醛、戊二醛，消毒效果好，常用于熏蒸消毒。

四、免疫程序

（一）经产母猪的免疫程序

（1）猪瘟，4个月普免一次，或产后21天免疫，根据疫苗抗原量可用2～4头份。

（2）伪狂犬，3～4个月普免一次，或产前14～21天免疫，根据疫苗抗原量可用1～2头份。

（3）口蹄疫，3～4个月普免一次，每次免疫2头份。

（4）每年肌内注射一次细小病毒灭活苗，3年后可不再注射。

（5）每年春天3～4月肌内注射一次乙脑疫苗。

（6）产前35天，后海穴注射传染性胃肠炎、流行性腹泻二联苗。

（7）产前28天，肌内注射传染性萎缩性鼻炎灭活苗。

（8）产前21天，肌内注射猪圆环病毒病灭活苗。

（9）产前14天，后海穴注射传染性胃肠炎、流行性腹泻二联苗。

（二）配种公猪的免疫程序

（1）猪瘟，4个月普免一次，根据疫苗抗原量可用2～4头份。

（2）伪狂犬，3～4个月普免一次，根据疫苗抗原量可用1～2头份。

（3）口蹄疫，3～4个月普免一次，每次免疫2头份。

（4）每年3～4月份肌内注射乙脑疫苗1次，3年后可不再注射。

（5）每年肌内注射圆环病毒病灭活苗2次。

（6）每年肌内注射两次传染性萎缩性鼻炎灭活苗。

（三）育肥猪的免疫程序

1日龄：猪瘟弱毒苗超免，仔猪生后在未吮食初乳前，先注射一头份猪瘟弱毒苗，隔1～2小时后再让仔猪吃初乳，适用于常发生猪瘟的猪场。猪瘟稳定的场可不做。

3～7日龄：气喘病水佐剂苗。

21日龄：肌内注射猪瘟苗。

28日龄：气喘病水佐剂苗。

45日龄：肌内注射伪狂犬病弱毒苗。

52日龄：肌内注射口蹄疫疫苗。

60日龄：肌内注射猪瘟疫苗。

70日龄：肌内注射口蹄疫疫苗。

（四）免疫制度的建立

（1）应根据当地动物疫病流行病学情况对生产的危害、可用疫苗的性能及来源等情况，制定切合农户实际的免疫程序，并严格按程序实施免疫预防，建立免疫档案。免疫程序应包括预防接种疫苗的种类，预防接种的次数、剂量、间隔时间等（图6-7）。

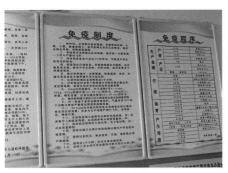

图6-7 免疫制度上墙

（2）对规定的强制免疫的病种，应在当地动物防疫监督机构的监督指导下，按规定的免疫程序进行免疫。

（3）体弱、有病、没到免疫的猪，康复后及时进行免疫补针并建立档案。一些油佐剂疫苗注射后，个别猪有严重过敏反应，应备有肾上腺素等紧急脱敏药物。

（4）严格免疫操作规程，冻干苗应在低温冷冻条件下保存，严禁反复冷融使用，油剂或水剂严防冻结，应在2～8℃条件保存。冻干苗按要求的方法进行稀释，稀释后的疫苗应按规定的方法保存并在规定时间内使用；保证疫苗注射剂量；注射器械和注射部位严格消毒，保证一猪一个针头，防止交叉感染。

(5) 根据当地寄生虫病、细菌性疾病的发生和危害情况，选择最佳驱虫药物，定期对猪群进行驱虫。使用抗菌药物在猪可能发病的年龄、疫病可能流行的季节或在发病的初期对相关猪群进行群体投药预防，防止发病。

(6) 使用的药物应为有国家批准文号、在有效期内的产品，疫苗应是在冷冻或冷藏的条件下运输和保存的产品。

五、猪病的治疗方法

（一）病猪的保定

病猪的保定是猪病治疗必须实行的方法和手段。通过安全有效的保定，才能进行猪病的检查、注射或灌服药物。在实施保定之前，诊者进入猪舍时必须保持安静，避免对猪产生刺激。小心地从猪后方或后侧方接近，用手轻搔猪背部、腹部、腹侧或耳根，使其安静，接受诊疗。从母猪舍捕捉哺乳仔猪时，应预先用木板或栏杆将仔猪与母猪隔离，以防母猪攻击，保证人猪安全。

1. 徒手保定　①诊者两手握住猪两后肢飞节，向上提举，使其腹部向前方，呈悬空倒立，用两条腿将猪背部夹住固定。②诊者两手抓住猪的两耳，向上提举，猪腹部向前，用两腿夹住猪的背腰使其固定。③把猪抓住后，用双手抓住猪后腿，双腿抵地夹住猪体，但不能坐在猪身上。上述几种方法主要适合10千克左右的仔猪。

2. 绳套保定　把绳一端做一个活套，在猪张口时，用绳套套住上颌勒紧，由一人拉紧或将绳的一端栓在栏杆或木桩上（图6-8），这时，猪呈现用力后退姿势，可保持安全站立状态。这种方法适用于中猪打针、胃管投药及其他疗法。

3. 横卧保定　一人抓住猪的后腿，另一人握住猪耳尖，两人同时向一侧用力将猪扳倒，一人按压猪头颈部，另一人用绳拴住猪的四肢加以固定。横卧保定适用于大猪侧胸部的手术或去势等。

图6-8　猪用保定器

4. 大群猪注射时保定方法 对健康猪群进行预防注射时，可用一扇门将猪栏在一角，由于猪互相挤在一起，不能动弹，即可逐头进行注射。最好是注完一头后马上用带颜色水液标记，以免重注。

（二）病猪的给药方法

1. 投喂法 首先捉住病猪两耳，使它站立保定，然后用木棒或开口器撬开猪嘴，将药片、药丸或其他药剂放置于猪舌根背面，再倒入少量清水，将猪嘴闭上，猪即可将药物咽下。这种投药方法限于少量药物，若喂大量药物，则应采取胃管投药。

2. 经鼻投药法 将病猪站立或横卧保定，要求鼻孔向上，紧闭嘴巴，把易溶于水的药物溶于30～50毫升水中，再将药水吸入胶皮球中，慢慢滴入病猪鼻孔内，猪就一口一口地把药水咽下。这种方法简单易行，大小猪都可采用。量大或不溶于水的药物不宜采用此法。

3. 胃管投药法 将猪站立或横卧保定，将其头部固定，使之不能自由活动。用开口器将猪嘴撬开，把胃管从舌面迅速通过舌根部插入食管中。确定胃管插入位置无误时，即可注入事先溶解好的药物。灌完药后再向管内打入少量气体，使胃管内药物排空，然后迅速拔出胃管。

4. 灌肠法 先把病猪保定好，将灌肠器涂上油类或肥皂水，再由肛门插入直肠，然后高举灌肠桶，使桶内的药液或营养液流入直肠。灌注以后，必须使病猪保持安静。当病猪有排粪表现时，立即用手掌在其尾根上部连续拍打几下，使其肛门括约肌收缩，防止药液或营养液外流。

5. 注射法 因技术性较强，必须由专业人员持专用设备进行操作。一般有皮下注射、肌内注射、静脉注射、气管注射、腹腔注射等几种。

（1）皮下注射法 即将药物注入皮肤与肌肉之间的疏松组织中。方法：通常在猪耳根后方、大腿内侧、腹股沟等部位，诊者左手提起皮肤，使形成一个三角形皱褶，右手将针头插入皱褶中央，放开左手，注入药液。

（2）肌内注射法 将药液注射到肌肉组织中。方法：选肌肉丰满，神经、血管比较少的部位，如猪的耳根颈部、后腿部内、外侧和臀部等处。诊者右手持注射器，将针头垂直插入肌肉深处，注入药液。

（3）静脉注射法 将药液直接注入血管内。方法：选猪耳背部耳大静脉，诊者用酒精棉球涂擦耳朵背面耳大静脉，以手指压迫耳基部静脉，使静脉隆起。针头以10°～15°的角度进针，如刺入血管，可见回血，此时可注入药液；如无回血，调整进针方向，直到刺入血管。药液中如有气泡，注射前必须排除。

（4）**气管注射法** 将药物注射到气管内，适用于肺部驱虫及治疗气管和肺部疾患。方法：猪仰卧，前驱抬高成30°，选在气管上1/3处、两个气环之间进针，刺入气管内。抽动抽柄，如有大量气泡，说明针头已进入气管。

六、主要疫病防控

（一）猪瘟

猪瘟是一种由病毒引起的急性接触性传染病。本病传染性强、死亡率极高，猪不分年龄、品种一年四季都可发生。本病主要经消化道传染。一般2～10天发病。

1. 症状

（1）**最急性型** 突然发病，高温不退（41～42℃），无明显症状，很快死亡。

（2）**急性型** 体温升高到40.5～42℃，持久不退。食欲减退或停食，精神沉郁，伏卧喜睡，寒战，挤卧一堆或钻草窝。站立行走时拱背弯腰，四肢无力，行动迟缓，摇摆不稳。眼结膜发红，有脓性分泌物（图6-9、图6-10）。先便秘、后腹泻。耳根、腹部、四肢内侧等处有指压不褪色的紫红色出血点。公猪包皮积尿，挤压时流出白色混浊异臭尿液（图6-11、图6-12）。病猪1周左右死亡。

图6-9 患猪眼发红　　　　图6-10 患猪眼发红，眼分泌物增多

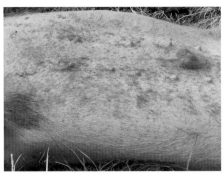

图6-11　腹部皮肤出血斑，包皮积尿　　图6-12　臀部和四肢皮肤的出血斑点

（3）慢性型　急性不死转为慢性。病猪消瘦，贫血，全身衰弱，常伏卧不起，行走摇晃，有时轻热，便秘腹泻交替，一般难以恢复。

2. 防治　无特效药，主要靠预防。

（1）选择和制定适合本场的免疫程序。种猪每隔4个月免疫一次。对于猪瘟不稳定场，仔猪在吃奶前实施超免。

（2）发生猪瘟时的紧急措施，可试用大剂量猪瘟疫苗肌内注射，个别场有较好的效果。猪舍、用具等用2%烧碱或20%石灰乳或30%草木灰水消毒。病猪应隔离，死猪应深埋或烧毁。

（3）坚持自繁自养。从外地购进猪，要注射猪瘟疫苗并隔离观察3周，健康无病方可合群。

（二）猪蓝耳病

猪蓝耳病是由猪繁殖与呼吸综合征病毒引起猪的一种高度接触性传染病，不同年龄、品种和性别的猪均能感染，但以妊娠母猪和1月龄以内的仔猪最易感。该病以母猪流产及产出死胎、弱胎、木乃伊胎，仔猪呼吸困难、败血症、高死亡率等为主要特征。

1. 症状　所有感染猪都出现厌食、精神不振和发热，体温达40～41.5℃；体表皮肤发绀、出血（图6-13）；眼肿胀，分泌物增多（图6-14）。妊娠母猪感染后主要引起晚期流产、早产及产出死胎、木乃伊胎及弱仔（图6-15）。母猪表现假发情、返发情比例较高，个别母猪表现肢体麻痹。断奶仔猪表现明显腹式呼吸，后肢麻痹（图6-16），食欲下降或废绝，病死率可高达80%，继发感染非常明显，有的仔猪耳朵或身体末端皮肤发绀发紫。生长猪发病率较低，表现明显的腹式呼吸，生长速度非常缓慢，双眼肿胀，继发感染明显。公猪感染后性欲减弱，精液质量下降，射精量减少。

图6-13　患猪耳部发绀、坏死

图6-14　眼肿，眼分泌物增多

图6-15　患病母猪产死胎

图6-16　生长猪后肢神经麻痹

2. **防治**　本病无特效药，主要靠预防。

免疫接种，阴性场不要接种疫苗，阳性场需接种疫苗。参考免疫程序：后备母猪于配种前60天、30天各接种一次；经产母猪于空怀期免疫一次；仔猪于7～14日龄免疫；有条件的场可制备本场自家灭活苗，效果更好。

注意事项，由于圆环病毒与蓝耳病毒协同作用很强，所以要做好圆环病毒病的免疫。加强猪场气喘病、传染性萎缩性鼻炎的免疫，以切断病毒的入侵门户。应选用应激较小的疫苗。严把种猪引进关，严禁从疫场引进种猪，引进的种猪要隔离观察2周以上；发现疫情，及时处理，采取全进全出的饲养方式。定期对种母猪、种公猪进行本病的血清学检测，及时淘汰可疑病猪。

（三）猪口蹄疫

口蹄疫是由口蹄疫病毒引起猪的一种急性热性高度接触性传染病，主要侵害偶蹄兽，偶见于人和其他动物。临诊上以口腔黏膜、蹄部及乳房皮肤发生水疱和溃烂为特征。

1. **症状** 潜伏期1～2天，病猪以蹄部水疱为主要特征（图6-17），体温升高至40～41℃，精神不振，食欲减少或废绝。全身症状明显。蹄冠、蹄叉、蹄踵发红、形成水疱和溃烂，有继发感染时蹄壳可能脱落。病猪跛行，喜卧；病猪鼻盘、口腔、齿龈、舌、乳房（主要是哺乳母猪）也可见到水疱和烂斑（图6-18、图6-19）。仔猪可因肠炎和心肌炎死亡（图6-20）。

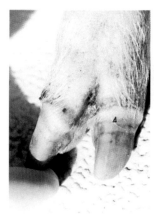 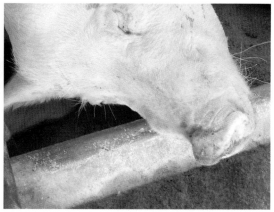

图6-17 育肥猪蹄部水疱   图6-18 母猪鼻镜形成水泡

2. **防治** 病猪发生口蹄疫后，一般经10～14天自愈。为了防止继发感染的发生和死亡，对病猪要精心饲养，对病状较重、几天不能吃的病猪，应喂以糠麸稀粥、米汤或其他稀糊状食物，防止因过度饥饿使病情恶化而引起死亡。猪舍应保持清洁、通风、干燥、暖和，多垫软草，多给饮水。

口腔可用清水、食醋或0.1％高锰酸钾洗漱，糜烂面上可涂以

图6-19 乳头水疱破裂结痂

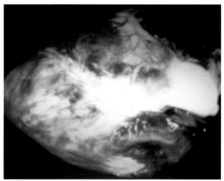

图6-20 心肌变性、坏死，出现淡黄色斑纹

1%～2%明矾或碘酊甘油（碘7克、碘化钾5克、酒精100毫升，溶解后加入甘油l0毫升），也可用冰硼散（冰片15克、硼砂150克、芒硝18克，共为末）；蹄部可用3%臭药水或来苏儿洗涤，擦干后涂松馏油或鱼石脂软膏等，再用绷带包扎。

（四）猪伪狂犬病

伪狂犬病是由伪狂犬病病毒引起多种家畜和野生动物共患的一种急性传染病。该病引起妊娠母猪发生流产及产出死胎、木乃伊胎；仔猪感染出现神经症状、麻痹、衰竭死亡，2周龄以内仔猪感染，死亡率可达100%。

1. **症状** 仔猪日龄越小，发病率和病死率越高，2周龄内仔猪发病主要表现为发热、呕吐、流涎（图6-21），排黄色水样稀粪，腹式呼吸并伴有神经症状，病猪倒地做划水状（图6-22至图6-25），有时有奇痒现象（图6-26），病死率可达100%；保育仔猪主要表现为排黄色水样稀粪，有时表现腹式呼吸，病死率达40%～60%；生长育肥猪症状轻微，但生长速度缓慢，抗应激能力降低；怀孕母猪主要表现为流产及产出死胎、木乃伊胎及弱仔，产仔数下降。

2. **防治** 免疫接种 目前使用的疫苗有弱毒苗、弱毒灭活苗、野毒灭活苗和基因缺失苗（自然缺失的Bartha株和Bucharest株已成为世界首选使用的疫苗，但必须注意同一场不能使用两种基因缺失苗，以免基因重组）。参考免疫程序如下：母猪产前28天免疫，1头份；公母猪一年免疫3次，每头每次1头份，普免；仔猪50～70日龄免疫一次，1头份。

图6-21　患猪有流涎的表现

图6-22　患病仔猪表现神经症状

图6-23　新生仔猪口吐白沫，呈划水状

图6-24　患病仔猪抽搐

图6-25　新生仔猪后肢麻痹，不能站立

图6-26　新生仔猪有奇痒表现

　　发生疫情时，扑杀病猪，对疫区进行封锁，禁止猪只和饲料的进出。用2%～3%氢氧化钠消毒猪舍及环境，粪便发酵处理。发病仔猪在未出现神经症状之前，注射猪伪狂犬病高敏血清或病愈猪全血。全场猪群用猪伪狂犬基因缺失苗紧急接种。全场做好卫生消毒工作，对地面、墙壁、用具用2%烧碱、复合醛、复合碘、ClO₂等消毒药加强消毒，每天1次。执行严格的生物安全措施，牛、羊、猪分群饲养。加强灭鼠工作，加强卫生消毒工作，粪、尿无害化处理。

科学饲养管理，实行全进全出、早期隔离断奶模式。引进种猪必须隔离观察，淘汰阳性猪。

感染场净化措施：严把引种关，加强免疫，定期检疫，淘汰阳性猪。

（五）猪圆环病毒感染

猪圆环病毒感染是由圆环病毒2型引起猪的多系统进行性功能衰竭、间质性肺炎、母猪繁殖障碍为特征的一种传染病。

1. 症状　圆环病毒2型可引起猪多个系统进行性功能衰竭，主要症状为精神不振，食欲减低，生长发育不良，渐行性消瘦，皮肤苍白、干枯、缺少光泽（图6-27）。部分病猪出现黄疸，生长猪排黄色、血色稀粪（图6-28）。经常与猪繁殖与呼吸综合征混合感染。尸体消瘦、苍白，生长猪常形成皮炎，皮肤形成红色斑（图6-29，图6-30）。

图6-27　患猪精神沉郁，皮肤苍白，消瘦

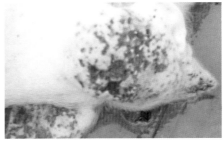

图6-28　耳部形成红色丘疹

图6-29　患猪拉黄色、血色稀粪

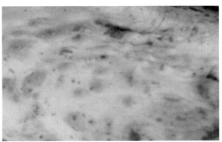

图6-30　皮肤形成红色丘疹

2. 防治 免疫接种，哺乳仔猪断奶前免疫1次，后备母猪配种前1个月免疫1次，经产公母猪一年免疫2次。发病猪可对症治疗，以清瘟败毒、抗菌消炎为治则。

（六）猪乙型脑炎

猪乙型脑炎是由日本乙型脑炎病毒引起的季节性传染病。由蚊子叮咬而传染，夏、秋两季较流行。以5～6月龄的猪发病较多。

1. 症状 猪突然发病，高热达40～41℃，持续不退。病猪精神沉郁，好卧，食欲减少，饮欲增加，粪便干燥成球，尿深黄色。有的病猪呈明显神经症状，主要表现为磨牙、虚嚼、口流白沫、往前冲、转圈。有的病猪后肢轻度麻痹，步行跛跄，关节肿大。怀孕母猪常发生流产，特别是初产母猪，产出的胎儿多为死胎，呈木乃伊化（图6-31）。公猪常一侧或两侧睾丸肿大、发炎（图6-32）。

图6-31　流产胎儿和木乃伊胎　　　图6-32　左侧睾丸肿大，右侧睾丸萎缩

2. 预防 搞好环境卫生，定期消毒，及时扑灭孑孓和蚊子。流产胎儿及胎衣深埋处理。后备母猪在配种前2个月和1.5个月分别接种乙型脑炎弱毒疫苗，1头份/头；经产母猪、公猪在每年3月份用乙型脑炎弱毒疫苗进行普免，1头份/头。

3. 治疗 可用抗菌素防止并发症。可试用中药石膏汤加减，生石膏155克、元明粉124克、天竹黄25克、板蓝根62克、大青叶62克、青黛18克、滑石31克、朱砂6克（另包），除去朱砂外煎水，凉温后加朱砂灌服。加减：高热不退加知母、生甘草，重用石膏；大便秘结加大黄，重用元明粉；津液不足加生地、玄参、麦冬，轻用元明粉、滑石；病后体虚加黄芪、当归、党参、白术等。

（七）猪细小病毒病

猪细小病毒病是由猪细小病毒引起猪的繁殖障碍病之一。该病主要危害头胎母猪，表现流产、产出死胎等现象，母猪一般没有明显的临床症状。

1. 症状 猪感染细小病毒的主要症状是公猪睾丸肿大和母猪繁殖障碍，其特征是感染母猪、特别是头胎母猪流产及产出死胎、木乃伊胎、畸形胎、弱仔，所产的木乃伊胎大小不一（图6-33、图6-34），而母猪本身无明显的临床表现。经产母猪感染该病毒后发情不正常或屡配不孕。患病动物体温正常。

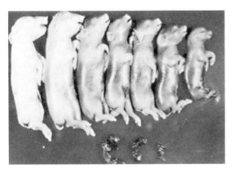

图6-33 母猪感染细小病毒，产死胎及木乃伊胎

图6-34 死胎及木乃伊胎（Karl–Otto Eich）

2. 防治 该病无有效的治疗方法，主要采取预防措施。用弱毒苗和灭活苗做好免疫接种工作。后备母猪配种前2个月及1个月用猪细小病毒灭活苗各免疫1次，每次1头份。

防止将带毒猪引入无该病的猪场，引进种猪后隔离饲养2周以上确认健康后再混群饲养。加强猪场的卫生消毒工作，对流产的胎衣、胎儿等要进行无害化处理。特别对已污染的猪舍要严格清扫消毒，空栏4个月以上方可将猪引入。酸碱消毒剂效果较差，可选用复合碘、复合醛、氯制剂等消毒剂。

（八）猪链球菌病

猪链球菌病由链球菌引起，对仔猪危害很大。一般健康猪带菌较多，当饲养管理不良、猪体抵抗力减弱时，链球菌趁机侵入机体血液而致病。按症状表现不同，监床分为败血型、关节炎型和脑膜脑炎型。

1. **症状** 败血型常呈暴发性流行，3～4周龄仔猪突然死亡，体温升高达41～42℃。呼吸困难，间有咳嗽。鼻镜干燥，口流浆液性或浆液性分泌物（图6-35）。颈部、腹下、四肢皮肤紫红色并有出血点（图6-36）。

关节炎型仔猪表现为多发性关节炎，一个或多个关节肿胀，肿胀部位先硬、后在局部发生小点状破溃，流出血性、脓性渗出物，形成深入关节腔的瘘管（图6-37）。成年猪感病后主要表现关节炎症状，有的在喉头皮肤下发生一个或两个鸡蛋大脓肿，内有粉红色半脓状黏稠液。一般不引起死亡。

图6-35 病猪口吐白沫

图6-36 病死猪皮肤发绀、发紫

脑膜脑炎型多发生于哺乳仔猪，发病率和病死率高。病初出现体温升高，湿热性病症，继而出现神经症状，四肢不协调、呈划水状，角弓反张及抽搐或突然倒地（图6-38），口吐白沫。

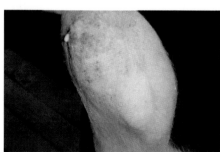

图6-37 后肢化脓性关节炎，肿大、流脓

图6-38 患猪出现神经症状，呈"划水状"

2. **防治** 保持猪舍清洁干燥，定期清毒。

对流行本病的疫区，可进行猪链球菌弱毒菌苗的防疫注射。治疗以青霉素疗效最好，每千克体重1.5万～2万单位每天2次，体温下降、食欲正常后还要继续用药2～3次，以防复发。链霉素每千克体重1.5万单位，每50千克加20%磺胺嘧啶钠30毫升，每天3次，连用3天。对化脓成熟的肿块，可切开皮肤，排除脓汁，用过氧化氢（双氧水）洗净腔内，吹入消炎粉，并注射抗菌药物。

（九）副猪嗜血杆菌病

副猪嗜血杆菌病是由副猪嗜血杆菌引起的一种主要危害断奶前后仔猪，以关节炎和呼吸困难为特征的一种传染病。该病在集约化猪场发病率有上升的趋势，危害日趋严重。

1. **症状** 临床症状的表现取决于病菌的血清型和炎性损伤的部位，健康猪在3～7天内很快发病。哺乳和保育阶段的仔猪发病，多发生浆膜炎和关节炎。急性病例最早表现为发热，精神沉郁，毛松，苍白，消瘦（图6-39），皮肤发绀，关节肿胀，跛行（图6-40），腹式呼吸明显。首次发病的猪场或与链球菌病、猪蓝耳病等混合感染时病死率很高，可达80%。病情严重时，出现呼吸困难，气喘、腹式呼吸；有的病猪出现震颤、共济失调，临死前出现弓反张、四肢划水等症状。

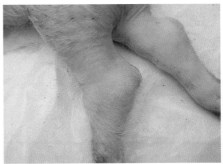

图6-39　病猪被毛粗乱　　　图6-40　病猪后肢关节肿大

2. **防治** 对已发病的猪只，目前没有很好的治疗药物，防制的重点工作是加强预防。目前美国、西班牙、荷兰等国已有副猪嗜血杆菌灭活苗。这些疫苗对血清1、4、5、6型有较好的保护作用，但血清型不同的免疫效果很差。另外，多价苗或分离本场菌株制作自家灭活苗免疫，对本病有较好的效果。长效头孢噻呋或长效头孢喹肟在3、7、21日龄三针保健有较好的预防作用。

加强饲养管理，减少应激，保持猪舍卫生、干燥、通风。做好保温和平时的卫生消毒工作，降低空气中有毒有害气体含量，降低猪群饲养密度等管理措施，对控制该病非常重要。

（十）猪附红细胞体病

猪附红细胞体病是由附红细胞体附着于红细胞或血浆中，引起猪及牛、羊、犬、猫共患的一种热性溶血性传染病，引发患猪发生黄疸性贫血等症状，又称红皮病。

1. 症状 病猪体温升高，有的高达42℃，皮肤发红或苍白，毛色干枯、缺少光泽（图6-41，图6-42），呼吸困难，采食量减少。皮肤充血，有针尖大出血点，皮肤黏膜严重黄染（图6-43）。先便秘，羊粪状；后腹泻，排黄色水样稀粪。体表淋巴结肿大（图6-44）。怀孕母猪流产，产死

图6-41 患猪皮肤苍白，消瘦

图6-42 患猪皮肤充血

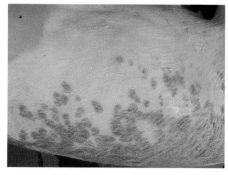
图6-43 全身皮肤黄染

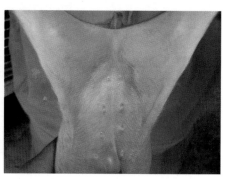
图6-44 腹股沟淋巴结肿严重出血

胎、弱仔，哺乳母猪泌乳量下降，断奶母猪不发情，反复发情比例提高。经常可继发其他细菌感染。

2. 防治 肌内注射长效土霉素，每千克体重0.1毫升，每天2次，连用3～5天，或饲料中投药（强力霉素+青蒿素）。预防：驱除猪体内外寄生虫，特别是疥螨；加强灭蝇灭虫工作；做好针头、外科器械的消毒工作，最好一窝仔猪使用一套外科器械；降低饲养密度，减少应激；严禁饲喂发霉变质饲料。

（十一）喘气病

猪喘气病又称猪地方流行性肺炎或猪支原体肺炎。该病是由猪支原体引起的一种慢性、接触性传染病。主要通过呼吸道传染，一年四季均可发生，冬、春季较多见。

1. 症状

（1）急性型 多见于新疫区流行初期。突然发作，病猪精神不振，呼吸每分钟60～100次，张口喘气，咳嗽少而低沉，黏膜发紫，体温变化不大。病程7～10天，常易继发其他细菌感染而加重病情，因衰弱和窒息而死亡。

（2）慢性型 多见于老疫区。病猪初期为短而少的干咳，久之变为连续痉挛性咳嗽，尤以早晨、夜间、运动、进食后或气温骤变时常见。夜间可听到哮喘声，呈明显腹式呼吸。病程可拖至2～3个月至半年，病猪消瘦无力。但在良好的饲养条件下常不显症状（图6-45、图6-46）。

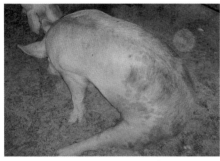

图6-45 病猪呼吸困难，呈犬坐式呼吸

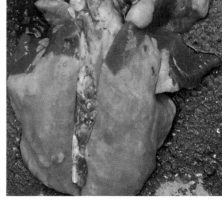

图6-46 肺脏对称性肉样变性

2. 防治

（1）对无病区应坚持自繁自养，新引进的猪必须隔离观察1～2个月后再合群饲养。发现病猪应及早隔离、治疗。治愈猪不能作种用。经常以1%～3%的烧碱水，或20%生石灰乳，或30%热草木灰水消毒栏舍和用具。疫区内，应在严格控制下淘汰病猪，建立健康母猪群。

（2）免疫接种，仔猪3～7日龄首免，间隔4周二免。后备母猪配种前免疫一次。

（3）盐酸土霉素1～1.5克，每天一次肌内注射，5～7天为一个疗程。

（4）20%磷酸替米考星每吨料400克混饲，让猪自由采食，一般连服7天，有较好的治疗效果。

（十二）猪病毒性腹泻

猪病毒性腹泻是指由猪传染性胃肠炎病毒、猪流行性腹泻病毒、轮状病毒等引起以仔猪厌食、呕吐、腹泻和脱水为特征的高度接触性肠道传染病。

1. 症状　猪传染性胃肠炎和猪流行性腹泻在临床症状上极为相似。仔猪突然发病，先呕吐，后水样腹泻，粪便黄色、绿色或白色，粪便呈油污状，带有乳凝块或脱落的肠黏膜碎片（图6-47），病猪严重脱水、消瘦，10天内仔猪病死率高达100%。随着仔猪日龄增加病死率降低。病愈仔猪易变成僵猪。生长育肥猪和母猪刚开始食欲不振或废绝，其后呈灰褐色水样腹泻，粪便呈一条直线排泄出来（图6-48）。经过5～8天腹泻停止，但怀孕母猪发病后可导致泌乳量减少而加重仔猪的病情。

图6-47　仔猪水样腹泻　　　　　　图6-48　母猪腹泻

2. **防治** 该病无特效治疗药物，使用抗菌素、磺胺类药物和呋喃类药物可防止细菌的继发感染。同时可给病猪口服补液盐以补充电解质。对被病毒污染的猪舍、用具、场地等应用3%烧碱或20%石灰水彻底消毒，限制人员及犬、猫等动物出入。妊娠母猪在产前40天和15天可用猪传染性胃肠炎流行性腹泻二联弱毒苗和灭活苗免疫两次，出生后的哺乳仔猪便能获得被动免疫。也可对初生乳猪用弱毒苗进行主动免疫。发病后全场紧急接种猪传染性胃肠炎流行性腹泻二联苗，用发病仔猪的粪便及肠道返饲重胎母猪亦可取的一定效果。

第七章　把握市场动态

养猪心态很重要，逢高逢低应对好。

市场波动不可免，淡旺两季相替交。

市场低迷压存栏，优化品种个群体。

调整结构提效率，平稳心态待转机。

涨涨跌跌寻规律，科学预测减风险。

"民以食为天，猪粮安天下"这句谚语，充分说明了粮食和猪肉在人们生活中的重要作用，是关系到国计民生的大问题。在很长一段历史时期，种粮和养猪成为农民的主要收入来源。2007年，养猪行业生产关系出现调整，即大量散养户退出。2011年猪肉价格突破历史最高点。目前中国生猪饲养行业的产能正在向大规模养猪企业集中，龙头企业产能快速扩张。2013年，我国肉类总产量8 536万吨，比上年增长1.8%；其中猪肉产量5 493万吨，增长2.8%；猪肉产量占到肉类总产量的65.34%。从城镇和农村居民近年来的食品消费结构变化来看，奶类、家禽、水产品和肉类均出现大幅增长，猪肉在肉类消费食品中仍占主导地位。

一、生猪价格周期性波动

自1985年取消生猪派购、放开购销市场、实行多渠道经营以来，生猪价格在市场规律的作用下时高时低，呈现出周期性波动状态。生猪价格的剧烈波动使得生猪生产者在不同时期的经济效益或高或低，严重影响了生猪生产者的积极性，也影响了市场的稳定，制约了生猪产业的发展。

（一）生猪价格周期性波动的原因

在市场经济条件下，生猪价格围绕价值上下波动，供不应求时价格上涨，供过于求时价格下降，一个或多个周期的平均价格是其价值的真实体现。

市场经济的滞后性和盲目性缺陷在养猪行业体现得非常明显。生猪价格波动的原因，主要是由于周期性生产供应与季节性需求之间的不平衡、不同步造成的。生猪生产固有的生物周期造成了生产调整的周期较长，难以与猪肉需求的季节性变动同步。其次，生产成本变动是引起生猪价格周期性波动的重要原因。另外，受疫情事件的影响以及生猪疾病加剧了生猪产业的波动。生猪生产规模化水平较低也放大了生猪价格周期性波动的频率与波幅。

（二）猪周期

猪周期是一种经济现象，指"价高伤民，价贱伤农"的周期性猪肉价格变化怪圈。因为生猪生产者决策行为完全取决于价格预期，当市场行情好时，便一窝蜂地补栏扩养，导致生猪供应过剩、价格下跌，生产出现亏损；一旦生猪生产出现亏损，便纷纷减少养殖量甚至宰杀能繁母猪，导致生猪供应量快速减少、价格上涨。然后又重新陷入扩养陷阱，由一轮生产过剩引发下一轮生产不足，使生猪价格始终处于波动之中，这就形成了所谓的"猪周期"。

图7-1　猪周期

（三）生猪价格周期性波动状况

1985年之前，生猪价格由政府制定和调整，其波动并不明显。此后生猪价格涨跌交替，出现了明显的周期性波动。这种周期性波动主要体现在两个方面：一是年度内波动；二是年度间波动。年度内生猪价格一般呈现出"两头高、中间低"的特点，每年1～2月份猪价较高，3月份后开始下降，5～7月份处于谷底，8月份则开始缓慢回升，在中秋国庆节前后又恢复高位，并持续维持到年末，春节前的价格会达到一年的最高值，春节后又开始下跌。

1. 第一次价格波动（1985—1991） 1985年取消了生猪派购政策，生猪价格主要由市场决定，当年全国生猪生产者价格指数比上年上升21.1%。受价格上涨的刺激，猪肉产量大幅增加，出现了1986年的卖猪难，养猪利润大幅度下降（1986年全国生猪出栏25 722万头，比上年增长7.74%）。受其影响，1987年全国生猪存栏下降而价格上升（1987年全国生猪存栏同比下降2.8%，致使当年生猪生产者价格指数同比上升18.6%，农户散养生猪平均出售价格达152.39元/50千克，成本收益率上升到37.58%），从1987年下半年开始，在全国范围内出现了猪肉供应紧张的现象，1988年猪肉价格继续上涨并达到高峰。农户散养生猪平均出售价格为186.76元/50千克，比上年上涨22.56%。1989年全国生猪生产价格指数升幅回落，并于1990年开始下跌，到1991年跌入谷底。1991年与1985年相比，全国生猪生产者价格指数上升84.9%，农户散养生猪平均出售价格上涨84.2%。这个生猪价格波动周期时间为7年，生猪价格在波动中上升，波峰发生在1988年，波谷出现在1990年，峰谷落差57.7个百分点，生猪价格波动幅度较大。

2. 第二次价格波动（1992—1999） 猪价经过1990年和1991年低迷期后，1992年开始回升，到1993年10月出现了生猪和猪肉价格大幅上涨等问题，1994年生猪生产者价格指数升幅创1978年以来历史最高水平（当年全国农户散养和规模养殖生猪平均出售价格分别为382.74元/50千克、371.27元/50千克），成为这一周期的波峰。之后生猪养殖量大幅上升，1995年全国生猪生产者价格指数虽然仍呈上升态势，但升幅回落到16.0%，较上年减少了38.6个百分点。由于回落速度太快，1996年全国生猪存栏比上年减少7 885万头，下降17.85%，生猪价格上涨势头再次加剧。1997年全国生猪生产者价格指数上升10.1%，比1996年高7.9个百分点（当年全国农户散养和规模养殖生猪平均出售价格达426.19元/50千克、459.86元/50千克，分别比上年上升4.48%和11.35%）。价格上涨使生猪生产处于较高盈利水平，同期粮食价格走低，猪粮比价不断增大，从而引发了养猪热，1997年年末全国生猪存栏40 035万头、出栏46 484

万头，分别比上年增长 10.34% 和 12.76%。在生猪市场出现供大于求的同时，遭遇亚洲金融危机，1998 年 5 月生猪价格开始下降。1998 年和 1999 年全国生猪生产者价格指数分别比上年下降 17.1% 和 14.8%，1999 年全国农户散养和规模养殖生猪平均出售价格为 278.63 元/50 千克、294.27 元/50 千克，分别比 1997 年下降 34.6% 和 36.0%。这个生猪价格波动周期持续时间达 8 年之久，且波幅较大、出现了暴涨暴跌现象，生猪生产者价格指数波峰发生在 1994 年，波谷出现在 1998 年，峰谷落差 71.7 个百分点，生猪价格波动幅度扩大、剧烈程度提高。这一周期的波谷价格比上一周期高出 167.04 元/50 千克。

3. **第三次价格波动（2000—2002）** 生猪价格经过 1998 年和 1999 年的暴跌，到 2000 年开始回升。当年全国生猪生产者价格指数比上年上升 0.2%，农户散养和规模养殖生猪平均出售价格分别为 293.35 元/50 千克、303.96 元/50 千克，分别上涨 5.28% 和 3.29%，其成本收益率分别为 7.5% 和 11.52%。2001 年生猪价格继续保持回升势头，当年全国农户散养和规模养殖生猪平均出售价格分别为 297.23 元/50 千克、313.31 元/千克，同比分别上升 1.32% 和 3.07%，其成本收益率分别为 5.57% 和 8.96%。虽然生猪生产收益有所上升，但由于生猪出口减少和猪肉进口增加，2002 年生猪价格出现小幅下降。当年全国生猪生产者价格指数比上年下降 2%，农户散养和规模养殖生猪平均出售价格分别为 287.59 元/50 千克、299.78 元/50 千克，同比分别下降 3.24% 和 4.32%。这一生猪价格波动周期，生猪市场供应和需求均较为平稳，同时这一时期全国经济保持了平稳快速增长的势头，没有诸如"亚洲金融危机"之类的外界因素影响，生猪价格波动较为平缓。这一生猪价格波动周期时间仅为 3 年，生猪生产者价格指数波峰发生在 2000 年，波谷出现在 2002 年，峰谷落差 2.2 个百分点，比上一周期缩小 69.5 个百分点，生猪价格波动幅度不大、年度之间的变化也比较平稳。

4. **第四次价格波动（2003—2006）** 2003 年下半年开始生猪价格再度上涨，当年全国生猪生产者价格指数比上年上升 2.9%，农户散养和规模养殖生猪平均出售价格分别为 333.58 元/50 千克、337.43 元/50 千克，同比上升 15.99%、12.56%。受禽流感疫情和非典期间造成的生猪及种猪存栏下降、饲料价格大幅上涨等因素影响，2004 年生猪价格进一步上涨，当年全国生猪生产者价格指数比上年上升 17.8%，农户散养和规模养殖生猪平均出售价格再创新高，分别为437.33元/50千克、450.04元/50千克。生猪价格上涨使2004年全国农户散养和规模养殖生猪的成本收益率分别达19.15%和19.98%，大大激发了农民养猪的积极性，同时也吸引了大量社会资本投资生猪生产，生猪存栏量急剧增加，市场供应充足甚至过剩。2004年年末全国生猪存栏48 189万头、出栏61 801万头，分别比2002年增长4.1%和9.03%。从2004年10月开始生猪价格回落，并一直持续至2006年6月。2005—2006年全国生猪生产者价格指数分别比上年下降2.3%和9.4%。2006年全国农户散养和规模养殖生猪平均出售价格分别为391.22元/50千克、348.47元/50千克，分别比2004年下降10.54%和22.57%。大部分地区生猪生产出现严重亏损，养猪积极性严重受挫。这一生猪价格波动周期持续时间为4年，生猪生产者价格指数波峰发生在2004年，波谷出现在2006年，峰谷落差22.2个百分点，比第一、第二周期的波动幅度小很多。波谷2006年全国农户散养和规模养殖生猪平均出售价格分别比上一周期波谷价格上升103.63元/50千克、48.69元/50千克，生猪价格上了一个新台阶。

5. 第五次价格波动（2007—2011） 2007年起生猪价格快速走出低谷，急速回升。受蓝耳病疫情影响，我国猪肉价格创下历史新高。当年全国生猪生产者价格指数比上年上升45.9%，农户散养和规模养殖生猪平均出售价格分别为667.56元/50千克、650.99元/50千克，同比上涨70.64%、86.81%；农户散养和规模养殖生猪平均成本收益率分别为39.21%、37.39%。国务院发布了关于促进生猪生产发展稳定市场供应的意见，加大对生猪生产的扶持力度。2008年生猪价格继续向上攀升，当年全国生猪生产者价格指数比上年上升35.5%，农户散养和规模养殖生猪平均出售价格分别为682.77元/50千克、714.27元/50千克。在价格上涨的刺激下，大量社会资金投入到养猪行业中。受全球金融危机和市场供求关系影响，生猪价格自2008年4月达到高点后逐月回落，尤其是2008年9月后出现较大回落，养猪效益下降。2009年在"猪流感"（甲型H1N1流感）冲击下，生猪价格继续下降，5月各地"猪粮比价"掉到盈亏平衡点以下（第18周至第24周）。生猪价格跌至14.1元/千克。肉价探底，养殖户出现大规模亏损，存栏量下跌。国家适时启动了调控生猪市场价格的政策，通过收储冻猪肉，稳定了生猪价格，保护了猪农的利益。2009年下半年猪肉价格有所上涨，但幅度有限。2010年1月至4月上旬，生猪价格接连快速下跌，由1月初的17.08元/千克跌至4月上旬的14.55元/千克，跌福达14.8%。春节期间生猪价格不升反降，成本压力日渐沉重，猪粮比价连续9周低于6∶1。4月份冻肉收储启动之后，生猪价格仍一直低迷，生猪市场的供需缺口逐渐扩大。此后，国家启动了第三及第四批冷冻猪肉收储。2010年7月份生猪价格开始上涨，猪粮比价由5.5∶1上涨到6.28∶1。至10月底，猪肉价格由6月初的14.52元/千克迅速上升至17.79元/千克，涨幅高达22.5%。第四季度迎来2010年的第二次大涨，到11月中旬每头猪盈利突破300元。2011年，生猪价格始终保持上位运行，生猪养殖盈利情况进一步提高，突破了600元/头的生猪养殖高盈利，2011年生猪价格最高点为18元/千克左右。这一生猪价格波动周期持续时间为5年，出现了春节消费旺季不升反降，下跌速度快，波及范围广的特点。为确保市场有效供给，国家和地方政府出台了一系列扶持生猪生产的政策措施，如能繁母猪补贴政策、生猪良种补贴政策、能繁母猪保险政策等。据农业部畜牧业司统计数据显示，2007年末全国生猪存栏4.19亿头，2008年末全国生猪存栏4.68亿头，2009年末全国生猪存栏4.69亿头，2010年末全国生猪存栏4.54亿头，2011年末全国生猪存栏4.73亿头，生猪存栏量处于较高水平。

6. 第六次价格波动（2012年后）　2012年春节后猪价大幅下跌，供需缺口急剧缩小，2012年一季度末，猪粮比价基本在盈亏平衡点上下波动。5月跌破盈亏平衡线之后猪料比价在4.3～4.6∶1小幅震荡了近6个月。2012年全国出栏肉猪年度均价为14.44元/千克，同比下降近15%（2011年均价为16.98元/千克）。4-10月份期间长期保持在14元/千克左右小幅震荡。11月份后涨幅加大，临近年底在需求的带动下涨破17元/千克。2013年春节过后，受春节过后猪肉消费需求锐减以及"禽流感"疫情叠加影响，生猪价格开始下跌，一季度末期，猪粮比维持在5∶1水平，生猪养殖业已处于深度亏损状态。饲料成本相对居高，导致养殖户一直处于亏损状态，部分养殖户不堪重负，纷纷淘汰母猪。冻肉收储后，生猪价格才开始有所回升，在五月中下旬呈现明显上扬，之后开始回落，猪粮比亦接近6∶1的盈亏点，6月下旬以来再现涨势。进入猪肉消费淡季之后，猪肉价格却逐步呈现出稳步上涨的趋势，7月份猪价一直走上升路线。进入12月中下旬，全国猪肉市场价格呈现低迷状态，但当时下降幅度不大，加之元旦、春节是猪肉消费旺季，市场普遍看好行情，认为猪价反弹的几率很大，养殖户补栏积极性较高，繁育母猪存栏量大。进入2014年，猪肉市场消费持续低迷，进口量增加，加之提倡节俭之风，市场供大于求，价格一路走低，养猪业行情低迷进一步凸显，养殖成本不断上升，产品消费跌入低谷。4月份，生猪收购价跌到了最低价，每斤约5.1元。很多散养户退出了市场。从5月中下旬起，生猪收购价止跌反弹，到6月底猪价见底回升，然后一直呈现上涨趋势。夏季是猪肉消费的淡季，本应处于低位的猪价却逆市上扬。

近年来，生猪价格波动呈现出常态化。从每年各月份的价格来看，春节后的2～5月份以及中秋后的10～11月份往往处于价格下行阶段，6～9月份和12月份到次年的1月份处于价格上涨阶段。猪周期正呈现出周期缩短、幅度减小、频率增加的新特征。

二、《缓解生猪市场价格周期性波动调控预案》

2012年5月11日，国家发改委等6部门联合发布了《缓解生猪市场价格周期性波动调控预案》，避免猪肉价格的大起大落成为相关部门工作的新重点。

《预案》将猪粮比价作为基本预警指标。猪粮比价是指生猪出场价格与玉米批发价格的比值（猪粮比价＝生猪出场价格/玉米批发价格）。其中，生猪出场价格、玉米批发价格是指国家发展改革委监测统计的全国平均生猪出场价格和全国主要批发市场二等玉米平均批发价格。根据生猪生产成本构成历史资料测算，目前我国生猪生产达到盈亏平衡点的猪粮比价约为6：1。能繁母猪存栏量变化率是指农业部动态监测点的母猪存栏量月同比变化率，根据历史资料测算，月同比变化率在−5%～5%之间属正常水平，超出上述范围则表明生猪生产出现异常波动。

《预案》将猪粮比价6：1和8.5：1作为预警点，低于6：1进入防止价格过度下跌调控区域，高于8.5：1进入防止价格过快上涨调控区域。具体划分为五种情况，一是绿色区域（价格正常），猪粮比价在6：1～8.5：1之间；二是蓝色区域（价格轻度上涨或轻度下跌），猪粮比价在8.5：1～9：1或6：1～5.5：1之间；三是黄色区域（价格中度上涨或中度下跌），猪粮比价在9：1～9.5：1或5.5：1～5：1之间；四是红色区域（价格重度上涨或重度下跌），猪粮比价高于9.5：1

或低于5：1；五是生猪价格异常上涨或下跌的其他情况。

三、猪周期规律利用

1. **收集各方面信息**　及时了解生猪存栏、市场需求、市场价格、成本变化等信息，及时调整养殖量，减少养殖的盲目性，规避市场风险。

例如，2013年3月份，某省猪肉、生猪价格持续回落（表7-1）。其中生猪农民出售价平均为15.93元/千克，环比下降3.97%，玉米市场出售价为2.2526元/千克，猪粮比价为7.07：1（高于6：1的盈亏平衡点），见图7-2、图7-3、图7-4。

表7-1　2013年3月份某省猪肉价格表

品种	计量单位	农民出售价			市场价格		
		平均价	环比（%）	同比（%）	平均价	环比（%）	同比（%）
猪肉	元/千克	20.19	−10.72	−12.21	22.82	−10.15	−10.43
仔猪	元/千克	27.59	2.22	−9.24	24.98	−40.24	−15.85
生猪	元/千克	15.93	−3.79	−7.37	15.15	−6.91	−6.45

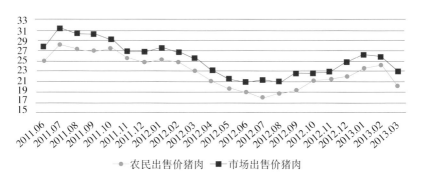

图7-2　某省猪肉价格走势曲线图

2. **认真分析信息**　在尊重市场规律、充分发挥市场机制作用的基础上，增强预见性和科学性。将猪粮比价作为基本指标，同时参考仔猪与白条肉价格之比、生猪存栏和能繁母猪存栏之比、生猪盈亏平衡点、生猪市场供求情况。

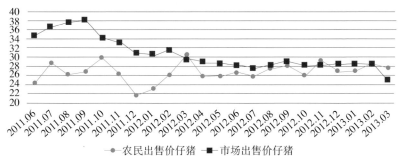

图7-3 某省仔猪价格走势曲线图

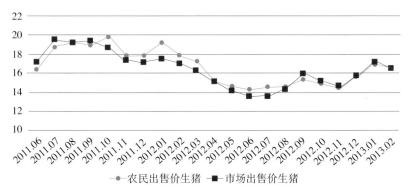

图7-4 某省生猪价格走势曲线图

3. 合理安排生产 在生猪市场行情低迷情形下，规模养殖场户要及时调整存栏生猪的种群结构，淘汰低产母猪，适时出栏大体重育肥猪，适当压缩和控制育肥猪数量，选留或更新优质高产母猪，以备市场复苏时尽快投入生产。对于中小型养殖场来说，在猪价的低谷期可以扩大母猪群，为将来的猪价反弹做准备。中小型养殖场应该以"小""精"为主，淘汰劣质品种，养高品质的猪。

（1）积极调整生猪生产结构和规模，淘汰劣质品种，更换优良品种，如地方优质猪种等，加强品种改良，提高良种比重和生产力。

（2）适时出栏育肥猪，不压栏，不等价。

（3）学习先进经验和做法，创新养殖模式，改进生产方式，提高质量和效益。

（4）精细化管理，降低养殖成本，减少不必要的浪费。

陈玉凤 . 2002. 谈饲料加工中保证饲料混合均匀度的几点措施 [J]. 饲料工业 (2).

郭春爱 . 2011. 2010 年我国生猪市场分析与 2011 年展望 [J]. 农业展望 (2):11-15.

韩俊、秦中春 . 2007. 我国新一轮生猪周期波动分析 [J]. 今日畜牧兽医 (9):3-6.

胡文琴、孟庆利、王恬 . 2004. 饲料粉碎粒度对畜禽生产性能的影响 [J]. 广东饲料，13(1).

黄若涵 . 2012. 我国规模化猪场的现状和未来 [J]. 猪业科学 (7):32-35.

李焕烈 . 2012. 谈当前规模化养猪建设的发展瓶颈及解决之道 [J]. 猪业科学，29(3)：39.

粟胜兰 . 我国饲料工业标准化现状及存在的问题 [N]. 农民日报，2009-4-23.

孙剑、周小秋 . 1999. 饲料粉碎粒度与饲料营养价值和动物生产性能的关系 [J]. 畜禽业 (1).

王效京 . 2006. 养猪实用新技术 [M]. 太原：山西科学技术出版社 .

吴中红、王美芝 . 2011. 不同阶段猪饲养工艺、猪舍建筑与配套的环境调控要点 [J] . 猪业科学 (12):54-56.

宿欣 . 2009. 四阶段法在猪饲养中的应用 [J]. 畜牧与饲料科学，30(1):146-147.

于凡、李轶欣、陈浩、付学强 . 2011. 三段式生产工艺下保育猪的饲养管理 [J]. 猪业科学 (9):112-113.

赵雁青、陈国宇 . 2001. 现代养猪技术 [M]. 北京：中国农业大学出版社 .

图书在版编目（CIP）数据

图说如何安全高效养猪／负红梅主编．—北京：
中国农业出版社，2015.1（2017.3重印）
（高效饲养新技术彩色图说系列）
ISBN 978-7-109-19921-7

Ⅰ．①图… Ⅱ．①负… Ⅲ．①养猪学－图解 Ⅳ.
①S828-64

中国版本图书馆CIP数据核字（2014）第294914号

中国农业出版社出版
（北京市朝阳区麦子店街18号楼）
（邮政编码 100125）
责任编辑 郭永立

中国农业出版社印刷厂印刷 新华书店北京发行所发行
2015年6月第1版 2017年3月北京第7次印刷

开本：889mm×1194mm 1/32 印张：4.5
字数：138千字
定价：38.00元
（凡本版图书出现印刷、装订错误，请向出版社发行部调换）